无人机组装调试
与飞行操控教程

刘　磊　方黎勇　蒲正将◎编著

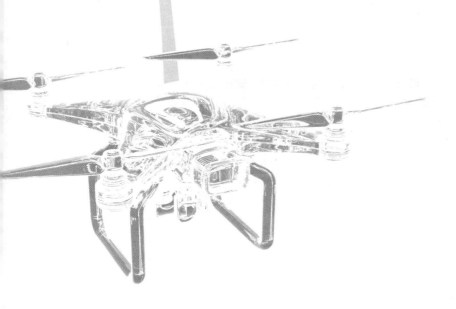

电子科技大学出版社
University of Electronic Science and Technology of China Press

·成都·

图书在版编目（CIP）数据

无人机组装调试与飞行操控教程 / 刘磊，方黎勇，蒲正将编著. -- 成都：成都电子科大出版社，2025.3.
ISBN 978-7-5770-1519-4

Ⅰ. V279

中国国家版本馆 CIP 数据核字第 2025MY0977 号

无人机组装调试与飞行操控教程
WURENJI ZUZHUANG TIAOSHI YU FEIXING CAOKONG JIAOCHENG

刘　磊　方黎勇　蒲正将　编著

策划编辑　谢忠明
责任编辑　谢忠明
责任校对　苏博麟
责任印制　梁　硕

出版发行　电子科技大学出版社
　　　　　成都市一环路东一段159号电子信息产业大厦九楼　邮编 610051
主　　页　www.uestcp.com.cn
服务电话　028-83203399
邮购电话　028-83201495

印　　刷　四川煤田地质制图印务有限责任公司
成品尺寸　185 mm×260 mm
印　　张　10
字　　数　180千字
版　　次　2025年3月第1版
印　　次　2025年3月第1次印刷
书　　号　ISBN 978-7-5770-1519-4
定　　价　49.00元

前　言

在21世纪的科技浪潮中，无人机技术以其独特的优势和广泛的应用前景，成为航空科技领域的一个重要分支。随着智能时代和低空经济时代的到来，无人机不仅在军事领域发挥着重要作用，更在民用领域展现出巨大的潜力和价值。从常见的航空摄影、遥感测绘、农业植保、电力巡线，到环境监测、应急救援、国土调查、交通监视、警情和消防监控等专业应用，无人机的应用场景日益丰富，成为推动社会进步和经济发展的新质生产力。

2019年，无人机驾驶员被正式列为新职业工种，这一举措标志着无人机行业的社会地位和专业价值得到了国家的正式认可。工业和信息化部印发的《关于促进和规范民用无人机制造业发展的指导意见》（工信部装〔2017〕315号）提出，"到2025年，民用无人机产值达到1800亿元的目标，年均增速25%以上。"这为无人机产业的发展指明了方向，同时也对无人机专业人才的培养提出了更高的要求。

本书紧跟无人机行业的最新发展趋势，介绍了无人机在低空经济中的应用，从无人机的基础理论到实际操作，从组装调试到飞行操控，涵盖了无人机应用的各个方面，注重理论与实践的结合，提供了大量的实例和操作步骤，使读者能够学以致用。

本书共分为4章，第1章和第3章由电子科技大学刘磊老师负责撰写，详细介绍了无人机的基本概念、发展历程、分类与应用，以及无人机的组装流程、调试技巧和维护方法，为读者提供了宝贵的实操指导。第2章由电子科技大学方黎勇老师编撰，详细阐述了无人机系统的组成和工作原理，为读者构建了无人机技术的理论基础。第4章由北京中科浩电科技有限公司蒲正将撰写，讲解模拟飞行训练操控技能，为无人机实飞操控打下了良好基础。

在本书的撰写过程中，我们特别感谢北京中科浩电科技有限公司提供的软硬件支持，以及众多无人机工程师的辛勤工作和专业贡献，为本书的内容丰富性和实用性提供了坚实的基础。在此，我们对所有参与和支持本书撰写的个人和团队表示衷心的感谢。

　　本书虽是校企深度合作并经过教学实践运行之后精撰写的，但因作者能力水平有限，难免有不当之处，欢迎读者多提宝贵意见。希望本书能够成为无人机学习者和从业者的良师益友，帮助他们在无人机领域取得更大的进步和成就。同时，我们也期待广大读者的宝贵意见和建议，共同推动无人机教育和培训的发展。

目　录

第1章	初识无人机

1.1 了解无人机前世今生

1. 无人机定义

无人机，即 unmanned aerial vehicle（UAV），是一种无须人工搭载即可执行飞行任务的高科技航空器。它们能够通过无线电遥控或预设的飞行程序进行操作，并且具备自主飞行和安全回收的能力，因此常被誉为"空中的智能机器人"。无人机的高效运作依赖于一系列精密的子系统，包括但不限于地面控制站、飞行控制单元、动力供应系统、能源管理系统以及与地面通信的链路系统。这些子系统相互协作，形成了一个完整的无人机系统，简称 UAS（unmanned aircraft system），有时也称作"遥控驾驶航空系统"，即 RPAS（remotely piloted aircraft system）。

在无人机技术成为热点之前，航空模型爱好者常常在广场或开阔地带展示他们的飞行技艺，那时，航空模型飞行是一项相对少见的个人爱好。然而，随着无人机技术的突飞猛进，尤其是像大疆这样的领先品牌的出现，无人机已经迅速转变为广为人知的科技产品。如今，无人机的普及使得公众对其飞行活动习以为常，不再感到新奇。

尽管无人机变得日益普及，但许多人仍将无人机与航空模型混为一谈。要区分这两者，我们可以着重考虑无人机的三个核心特性：无线电或程序控制、自主飞行能力以及可回收性。相比之下，航空模型主要依赖于无线电遥控操作，通常不具备程序控制和自主飞行的功能，尽管它们同样能够被回收。从系统构成来看，航空模型主要由飞行平台、遥控设备和动力系统组成，而无人机则更为先进，它不仅包含了航空模型的基本系统，还增加了飞行控制系统、通信链路、地面站以及任务执行系统等。

简而言之，如果我们在航空模型的基础上集成这些高级系统，则可以将航空模型升级为具备程序控制和自主飞行能力的无人机。通过这样的技术革新，航空模型能够执行更为复杂的任务，从而显著扩展其应用领域。

2. 无人机分类

无人机按照其平台构型可分为固定翼无人机和旋翼类无人机，如图1-1所示。

固定翼无人机：这类无人机以其机身上方的长机翼而著称，这些机翼能够为无人机提供必要的升力。固定翼无人机的机翼是固定不动的，它们通过空气流动在机翼上产生的升力来维持飞行，因此得名"固定翼"。

旋翼类无人机：这个类别包括了多旋翼和直升机两种类型。旋翼无人机的升力来源于螺旋桨的旋转，这些螺旋桨通过高速旋转产生向上的推力，从而实现无人机的垂直起降和悬停。由于提供升力的部件——螺旋桨，是在持续旋转的，因此这类无人机称为"旋翼类"。多旋翼无人机是旋翼类无人机的一个子类，多旋翼无人机通常拥有多个螺旋桨，这些螺旋桨协同工作，不仅提供升力，还能通过调整各个螺旋桨的转速来控制无人机的飞行方向和姿态。

通过这些不同的构型，无人机能够适应各种不同的应用场景和任务需求，展现出它们在现代技术领域中的多样性和灵活性。

（a）固定翼　　　　　　　　　　（b）多旋翼

图1-1　固定翼和多旋翼无人机

在无人机领域，除了常见的固定翼和多旋翼无人机，还有几种较为特殊的构型，它们各自具备独特的特点和应用场景，如图1-2所示。

垂直起降固定翼无人机：这类无人机结合了固定翼和多旋翼无人机的特点，能够在没有跑道的情况下垂直起降，并在转换到固定翼模式后实现较远的航程和较长的续航时间。

倾转旋翼无人机：其特点是旋翼轴可以旋转，使得无人机在起降阶段像多旋翼无人机一样垂直起降，在飞行中则将旋翼轴倾转为平行于地面，以固定翼模式进行高速飞行。

无人飞艇：这种无人机拥有一个大型气囊，通常填充比空气轻的气体（如氢气或氦气）来产生浮力，使飞艇悬浮在空中。飞艇底部设有控制舱，用以控制飞行状态。

扑翼无人机：这是一种仿生学设计，模仿鸟类通过翅膀的扇动来产生升力和推动力。扑翼无人机在飞行时能够实现更加灵活和隐蔽的行动。

这些特殊构型的无人机，因其独特的飞行特性，被广泛应用于农业植保、电力巡检、应急救灾、环境检查、交通监控、城市管理、遥感探测、物流配送等多个领域。随着无人机技术的不断进步和市场需求的增长，未来这些无人机的应用场景将不断增加，为生产和生活带来更多便利。

（a）垂直起降固定翼

（b）倾转旋翼无人机

（c）无人飞艇

（d）扑翼无人机

图1-2 垂直起降固定翼-倾转旋翼无人机-无人飞艇-扑翼无人机

无人机的分类标准涉及多个维度，包括重量、活动半径和飞行高度，这些标准对于理解无人机的性能和应用至关重要。

重量分类：无人机按照空机重量和起飞重量进行分类。空机重量指无人机不包含燃料和载荷的重量，例如，执行航测任务的固定翼无人机的空机重量不包括油箱中的燃料和可能携带的相机重量。起飞重量则指无人机起飞时的总重量，涵盖了燃料和载荷。在无人机分类出现交叉时，应依据较重的类别进行分类。对于集群或编队飞行的无人机，应根据其总重量进行分类。

其次按照重量来分类，中国民用航空局在2018年8月31日下发的《民用无人机驾驶员管理规定》（AC-61-FS-2018-20122）里，把不同种类的无人机按照重量共划分为五类，见表1-1所列。

表1-1 无人机分类

级别	空机重量	最大起飞重量
Ⅰ级	0<空机重量≤0.25	0<最大起飞重量≤0.25
Ⅱ级	0.25<空机重量≤4	0.25<最大起飞重量≤7
Ⅲ级	4<空机重量≤15	7<最大起飞重量≤25
Ⅳ级	15<空机重量≤116	25<最大起飞重量≤150
Ⅴ级	116<空机重量	150<最大起飞重量

活动半径分类：无人机的活动半径是其分类的重要依据之一，具体分类如下。

基于遥控距离可分类为：

① Ⅰ类：遥控距离≤50 m；

②Ⅱ类：50 m＜遥控距离≤1 km；

③Ⅲ类：1 km＜遥控距离≤50 km；

④Ⅳ类：50 km＜遥控距离≤200 km；

⑤Ⅴ类：200 km＜遥控距离≤500 km；

⑥Ⅵ类：遥控距离＞500 km。

飞行高度分类：无人机的飞行高度决定了其在以下分类中的归属。

基于最大设计使用高度可分类为：

①Ⅰ类：最大设计使用高度≤20m（相对高度）；

②Ⅱ类：20 m（相对高度）＜最大设计使用高度≤50 m（相对高度）；

③Ⅲ类：50 m（相对高度）＜最大设计使用高度≤120 m（相对高度）；

④Ⅳ类：120 m（相对高度）＜最大设计使用高度≤600 m（相对高度）；

⑤Ⅴ类：600 m（相对高度）＜最大设计使用高度≤3000 m（相对高度）；

⑥Ⅵ类：最大设计使用高度＞3000 m（相对高度）。

这些分类不仅有助于我们深入理解各种类型的无人机，而且对于它们在军事和民用领域的应用和性能有着明确的指导意义。无人机的多样化设计满足了不同场景的需求，在现代技术应用中发挥着越来越重要的作用。

3. 无人机发展史

无人机的发展历程是一部创新与变革交织的历史。自20世纪初的概念验证阶段，至当代高科技应用的辉煌成就，无人机已走过一段漫长而灿烂的道路。

起源与早期发展：无人机的概念最早可追溯至20世纪初，莱特兄弟的双翼飞机问世之际。彼得·库珀和埃尔默·斯佩里随后发明的自动陀螺稳定仪，为飞机稳定飞行提供了技术支撑，为无人飞行技术的诞生奠定了基础。20世纪30年代，英国开发了"德哈维兰"DH.82B Queen Bee，标志着世界上第一种真正意义上的无人机诞生，尽管其技术原始，功能有限。

军事应用与技术演进："二战"后，航空技术的进步使无人机在军事领域崭露头角。美国在越南战争中大量使用第一代喷气式无人机进行侦察，虽常遭受敌方击落，却在情报收集上发挥了关键作用。20世纪70年代，随着信息控制技术和人工智能的发展，无人机开始在战场上扮演更加重要的角色。1982年第五次中东战争中，以色列在贝卡谷地战斗中以无人机为诱饵，摧毁了叙利亚的萨姆-6防空导弹系统，凸显了无人机在现代战争中的战略价值。

现代战争中的应用：20世纪90年代的海湾战争和科索沃战争进一步展现了无人机的关键作用。它们不仅能提供实时情报，还能执行精确打击任务，有效减少士兵伤亡。例如，在海湾战争中，密苏里号战列舰依靠无人机引导，成功摧毁了敌方重要军事目标。

技术革新与多样化应用：21世纪以来，人工智能技术和航空航天技术的飞速发展极大提升了无人机的功能和性能。现代无人机具备隐身技术和高速巡航能力，能携带多种武器执行复杂任务。无人机系统涵盖飞行平台、飞行控制系统、任务设备、推进系统和地面设施等，确保了无人机的高效运行。

民用领域的拓展：无人机在民用领域的应用同样令人瞩目，从航拍到农业监测，从灾害救援到物流配送，以其低成本、易操作和高可靠性等优势，逐渐成为现代社会的重要工具。一些公司正计划推出以太阳能为动力的无人机，这些无人机能在空中持续飞行数年，提供网络覆盖、环境监测等服务。

随着科技的不断进步，无人机的潜力和应用范围将进一步扩大。它们可能成为汽车的标配，执行物品接送和路况监测等任务。无人机的发展不仅是技术的胜利，更是人类智慧的体现。未来，无人机是否能主宰天空，成为改变我们生活方式的重要力量，值得我们共同期待和探索。

无人机的发展历程充满了挑战与突破，它不仅改变了战争的形态，也在民用领域展现出巨大的潜力。随着技术的不断进步，无人机无疑将继续在人类社会中扮演更加重要的角色。

1.2　多旋翼无人机

多旋翼无人机（multi-rotor UAVs），也称作"多轴无人机"，是一类装有至少三个旋翼轴的航空器。它们因旋翼轴的数量而得名，构成了无人机家族中的一大类别，如图1-3所示。

图1-3　多旋翼无人机

多旋翼无人机拥有至少三个旋翼轴，用以提供必要的升力。各旋翼通过螺旋桨旋转产生升力，实现稳定悬停。通过调整不同旋翼的转速，可精确控制无人机的移动和姿态。其机体设计通常为中心对称或轴对称，以优化飞行性能和稳定性。螺旋桨均匀分布于机体边缘，确保升力和推力的平衡。

特殊类型的多旋翼无人机，如共轴双桨无人机，每个旋翼轴上装有两套电机和螺旋桨，例如三轴六桨或四轴八桨机型。这种设计在不增加体积的情况下提供更大的拉力，适合载重需求较大的物流无人机。然而，共轴双桨设计可能因下方螺旋桨受上方螺旋桨气流干扰而效率降低。

多旋翼无人机在民用领域的应用极为广泛，涵盖航拍摄影、物流配送、农业监测、搜索救援等。它们易于操控、适应性强、成本效益高，成为众多行业的优选工具。随着技术的持续进步，预计多旋翼无人机将在更多领域展现潜力，为社会带来更多创新和便利。未来的研究和开发将继续推动该领域的发展，实现更高效、更智能的无人机应用。

1.3　飞行原理

1.飞行升力的产生

飞机的机翼设计借鉴了鸟类翅膀的结构，特别是上表面的弧度，与鸟类翅膀的形态相似。在飞行过程中，空气流经机翼的上表面和下表面，由于上表面具有弧度而下表面相对平坦，导致上表面的气流速度加快而下表面的气流速度减慢。根据伯努利定理，流速较快的上表面压强较小，而流速较慢的下表面压强较大，从而在机翼上下表面之间产生压力差，形成向上的升力。

风筝作为中国古代的一项发明，其飞行原理与现代飞机有所不同。风筝的上下表面都是平坦的，没有明显的弧度差异。风筝能够升空，主要依赖于两个条件：一是迎风放飞，二是风筝与地面之间保持一定的角度，即迎角。迎角是气流方向与翼弦线的夹角，通过调整迎角，风筝能够获得升力。

迎角是航空学中的一个重要概念，定义为飞机在向前飞行时，气流方向与翼弦线的夹角。特技飞行的飞机能够进行倒飞等高难度动作，这通常是通过调整水平尾翼来改变飞机的迎角实现的。对称型机翼，即上表面和下表面具有相同弧度的机翼，更适合进行特技飞行。

通过对自然界中鸟类飞行的观察与研究，人类发展出了现代飞机的机翼设计，实现了飞行的梦想。风筝的简单设计展示了即使在没有复杂曲面的情况下，通过调整迎角也能获得升力。迎角的概念不仅在风筝飞行中至关重要，也在特技飞行中发挥着核心作用。随着航空技术的发展，我们对飞行原理的理解将不断深化，推动航空器设计的创新与进步。

2.伯努利定理

当足球运动员踢出香蕉球时，球体在空中的旋转导致其飞行路径发生偏转。若要踢出向左转弯的香蕉球，运动员需以特定角度击打球的侧面，使球体产生逆时针旋转。这种旋转导致球体右侧的空气流速减慢，而左侧的空气流速加快。根据伯努利定理，流速加快的一侧压强降低，而流速减慢的一侧压强相对较高。这种压力差使得足球在空中向左偏转，形成香蕉球的典型轨迹。

伯努利定理不仅在流体力学领域具有重要意义，也在体育运动和公共安全领域发挥着关键作用。当列车或地铁高速运行时，其周围的空气被带动形成高速气流，根据伯努利定理，这一高速气流区域的压强会降低，若乘客站立在列车附近，他们可能会因为两侧的气压差而被推向列车，造成潜在的安全风险。安全线的设置旨在确保乘客与高速运行的列车之间保持一定的安全距离，防止因气压差造成的意外推力导致乘客受伤。

在航空学中，升力是支撑飞行器克服重力的关键力量。以下是对升力及其影响因素的描述，以及螺旋桨设计原理的阐释。

升力（L）是由以下因素决定的：

①升力系数（C_L）：升力系数与机翼的迎角和翼型弯度有关。迎角的增加和翼型弯度的增大都会提升升力系数的数值，从而增加升力。

②空气密度（ρ）：空气密度表示飞行器周围空气的密度。空气密度越大，飞行器所受的升力也越大。

③速度（v）：对于固定翼飞行器，v代表空速，即飞行器相对于空气的速度。对于旋翼类飞行器，v则代表螺旋桨上某一点的转速。

④翼面积或旋翼单位面积（S）：翼面积或旋翼单位面积是指机翼的总面积或旋翼的单位面积。面积越大，产生的升力也越大。

升力的计算公式为：$L=\dfrac{1}{2}\cdot C_Y\cdot\rho\cdot v^2\cdot S$

影响升力的因素包括：

①迎角和翼型弯度：迎角的调整和翼型的弯度对升力系数有直接影响。

②空气密度：空气密度的变化会影响飞行器所受的升力。

③空速或转速：固定翼飞行器依赖空速产生升力，而旋翼类飞行器则依赖于螺旋桨的转速。

螺旋桨作为飞行器的重要组成部分，其设计细节对飞行器的性能有着直接影响。图1-4展示了螺旋桨从叶根到叶尖的几何特性。在螺旋桨旋转过程中，由于半径的逐渐增大，叶尖部分的线速度高于叶根部分。为了使螺旋桨各部位能够产生均衡的升力，设计时需要对翼型弯度和迎角进行调整。

  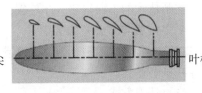

（a）固定翼螺旋桨 　　（b）多旋翼螺旋桨 　　　（c）螺旋桨各部位剖面

图1-4 螺旋桨桨叶

螺旋桨的翼型弯度从叶根到叶尖逐渐减小，这种设计是为了适应不同半径处的线速度差异，确保整个螺旋桨在旋转时各部位产生的升力分布均匀。与翼型弯度的变化相对应，迎角也呈现从叶根到叶尖逐渐减小的趋势。适当的迎角调整有助于优化螺旋桨的气动效率，并保持升力的一致性。螺旋桨的这种设计特征被称为"几何扭曲"，它使得螺旋桨在不同半径处具有不同的弯度和迎角，从而适应旋转时产生的不同速度条件。

螺旋桨的几何扭曲设计是确保其在整个旋转过程中产生均匀升力的关键。通过对翼型弯度和迎角的精确调整，螺旋桨能够在不同半径处实现最佳的气动性能。这种设计原理不仅适用于传统的螺旋桨，也是现代航空器设计中不可忽视的重要方面。

3. 多旋翼飞行原理

多旋翼无人机的运动机制确实相对复杂，涵盖了垂直运动、俯仰运动、横滚运动和偏航运动等多个方面。

垂直运动：多旋翼无人机通过调整所有螺旋桨的总升力来实现上升和下降。当升力超过重力时，无人机上升；升力与重力相等时，无人机悬停；升力小于重力时，无人机下降。

俯仰运动：通过不同步地改变无人机前后螺旋桨的转速，无人机的机头可向前或向后倾斜，从而实现向前或向后的平移。

横滚运动：通过不同步地改变无人机左右螺旋桨的转速，无人机机身向一侧倾斜，实现向该侧的平移。

偏航运动：多旋翼无人机通过改变部分螺旋桨的旋转方向或使用尾桨来实现绕机体垂直轴的旋转。这一运动的实现基于牛顿第三定律，即作用力和反作用力大小相等、方向相反的原理。通过改变螺旋桨的旋转方向，产生反作用力，实现偏航。

在具有偶数旋翼的无人机中，通过使一半螺旋桨顺时针旋转、另一半逆时针旋转，可以平衡由于螺旋桨旋转产生的反作用力矩，维持航向稳定。奇数旋翼配置：如三旋翼无人机，通常需要依赖先进的非线性控制算法来维持航向稳定。

要使无人机逆时针旋转，需增加逆时针旋转螺旋桨的转速，同时减少顺时针旋转螺旋桨的转速；反之，要使无人机顺时针旋转，增加顺时针旋转螺旋桨的转速，同时减少逆时针旋转螺旋桨的转速。

多旋翼无人机的运动控制依赖于精细的螺旋桨转速调节和牛顿第三定律的应用。通过合理设计螺旋桨的配置和控制策略，无人机能够实现稳定飞行和灵活操控。随着飞行控制技术的不断进步，多旋翼无人机将在多种应用场景中发挥更加重要的作用。

4. 多旋翼与直升机的区别

在航空领域，直升机和多旋翼无人机作为两种常见的飞行器，在设计和控制方式上存在显著差异。

（1）升力方式

多旋翼无人机：其螺旋桨的螺距是固定的，升力的调整主要通过改变螺旋桨的转速来实现。螺距与迎角直接相关，迎角增大时，螺距相应增大。

直升机：通过总距和周期变距改变螺旋桨的迎角，从而改变螺距，实现升力的调节。直升机能够产生正螺距以提供升力，或负螺距以产生向下的压力。

（2）控制方式

多旋翼无人机：通过改变螺旋桨转速来实现俯仰、横滚和偏航运动。例如，要实现向前飞行，需增加后方螺旋桨的转速，同时减少前方螺旋桨的转速，反之亦然。

直升机：通过周期变距改变螺旋桨的螺距来控制俯仰和横滚。通过倾斜十字盘，使得桨叶在不同位置具有不同的迎角，产生不同大小的升力。

（3）动力来源

多旋翼无人机：通常使用电池作为动力来源，因为螺旋桨需要频繁调整转速，电机的快速响应特性适合这种需求。

直升机：可以使用电池或燃油作为动力来源。在巡航时，直升机的旋翼转速相对稳定，通过改变螺距而非转速来调整姿态，因此可以使用燃油发动机。

此外，部分特殊类型的多旋翼具有其独特特征，例如游动变距多旋翼：类似于直升机，具有可变的螺距能力，能够进行更为复杂的飞行操作。混合动力多旋翼：结合燃油发动机和电池，燃油发动机用于发电，为电池充电，从而延长续航时间。

直升机和多旋翼无人机虽然都可以实现空中飞行，但它们在升力控制、飞行操作和动力系统方面各有特点。直升机的复杂机械结构使其在某些应用中具有优势，而多旋翼无人机的简单性和易于控制则在其他领域展现出其独特的价值。

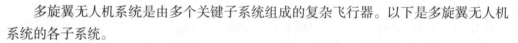

第2章 多旋翼无人机系统组成

多旋翼无人机系统是由多个关键子系统组成的复杂飞行器。以下是多旋翼无人机系统的各子系统。

①机体结构子系统：通常称为机架，构成无人机的基础框架。机架的设计质量直接关系到飞行器的性能、稳定性和续航能力。该子系统主要包括机身、机臂和起落架。

②飞行控制子系统（飞控子系统）：作为无人机的"大脑"，负责实现起飞、降落、姿态控制和自主飞行等关键功能。它包括主控制器、GPS（全球定位系统）、IMU（惯性测量单元）及其他传感器。

③动力子系统：为无人机提供所需的动力和电力，包括电机、电子调速器（electronic speed con-froller，简称ESC或电调）、螺旋桨和电池等关键组件。

④任务子系统：也称为"任务载荷"，使无人机能够执行多样化的任务。它包括吊舱、云台、可见光相机、红外相机、喷洒设备、药箱等设备。

⑤机载链路子系统：负责无人机的数据传输，由机载端和地面端组成。机载端包括遥控接收机、数传电台、图像传输发射模块；地面端包括遥控发射机、数传电台、图像接收模块。

⑥遥控子系统：包括地面站软件、图像传输显示器等，允许操作员远程控制无人机。

⑦遥测子系统：由遥控器、操纵杆、开关、鼠标和键盘等组成，为无人机提供操作输入和状态反馈。

多旋翼无人机的系统组成体现了其作为一个高度集成化的航空平台的特点。从机体结构到飞行控制，再到任务执行和数据链路，每个子系统都发挥着不可或缺的作用。随着无人机技术的不断进步，这些子系统的设计和集成将更加优化，以提升无人机的性能和应用范围。

2.1 机体结构子系统

1. 机体结构子系统概述

在多旋翼无人机的设计和应用中，机体结构子系统是至关重要的组成部分。机体结构子系统，通常简称为"机体"，构成了无人机其他所有子系统的安装平台。它为飞控子系统、动力子系统、任务子系统和机载链路子系统等提供必要的支撑。机体主要分为DIY（自己动手）机体与成品机体两种类型，下面将分别具体阐述这两种机体及其优缺点。

DIY机体：这种机体要求用户自行选择和搭配所需的飞控子系统、动力子系统等组件。DIY机体结构通常较为简单，适合于那些动手能力强、希望深入了解无人机构造的用户。其优点在于用户可以根据自己的需求和偏好自由选择配件，并且提供了DIY的乐趣，这不仅增强了用户的动手能力，也加深了对无人机技术的理解。然而，其缺点可能包括需要用户具备一定的无人机相关知识和经验；同时，其气动性能和整体效率可能不如经过专业测试和设计的成品机体。

成品机体：由厂商预装所有必要的子系统，用户购买后通常可以直接使用。这种机体提供了即插即用的便利性，特别适合寻求快速部署和简便操作的用户。其优点包括通常具有优良的气动性能和流线型设计，这有助于减少飞行阻力，提高能效；并且往往具有高外观颜值和高性能，厂商可能还会提供配套软件，从而增强了用户体验。然而，其缺点可能在于维修成本较高，定制零件可能不易在市场上获得；此外，用户在组件选择和系统配置上的自由度较低。

综上所述，DIY机体和成品机体各有其特点和适用场景，用户在选择时应根据自己的需求、技术能力和使用目的进行综合考量。随着无人机技术的不断发展，机体结构子系统的设计也在不断优化，以满足日益增长的应用需求。

基于以上分析，用户在选择DIY机体还是成品机体时，应权衡以下因素。

使用体验：成品机体通常因其优良的气动性能和流线型设计，提供更好的性能和特有功能。

动手能力：DIY机体适合那些喜欢实践操作并具备相关知识的用户，它能够满足用户对无人机构造深入了解的愿望。

知识理解：DIY机体的组装过程不仅能够增强用户的动手能力，更有助于加深对无人机技术的理解。

在选择DIY机体或成品机体时，用户应根据自己的需求、技术经验以及个人偏好来作出决策。两种机体类型都有其独特的优势和局限性，适合不同用户群体的需求。随着无人机技术的持续发展，两种机体类型都将继续演进和优化。

未来的研究和开发将进一步推动机体结构设计的创新，不仅将提升无人机的性能，也将拓宽其应用范围。这种不断的技术进步，将使得无人机在多个领域中发挥更加重要的作用，满足用户更加多样化的需求。

2. 多旋翼飞行器气动布局

在无人机的设计中，系统布局对于飞行性能和应用场景具有重要的影响，以下是一些常见的无人机布局类型，如图2-1所示。

十字形布局——在俯视时，无人机机身呈现十字形，其俯仰与横滚控制较为直接，仅需改变部分电机的转速即可实现。

X形布局——同样在俯视时，无人机机身呈现X形，其控制方式与十字形略有不同，所有电机转速的调整都涉及俯仰控制。

Y形布局——Y3布局：三轴无人机，其机头方向在两个螺旋桨中间，俯视时呈现Y字形。该布局增加了机械复杂度和飞控算法难度；Y6布局（共轴双桨）：在每个机臂上安装有两套电机和螺旋桨，提供了更大的拉力和载重能力，适用于物流行业。

特殊布局——H形布局：便于设计成折叠形式，便于存放和携带。展开后体积小，适合消费级无人机市场；可折叠布局：现代消费级无人机趋向于更小、更轻、续航时间更长的设计，可折叠布局满足了这一需求。

共轴双桨无人机——Y6形共轴双桨：适用于需要较大载重和拉力的应用场景，如物流行业；微型双旋翼布局：采用革命性的设计，实现了更长的续航时间和卓越的飞行体验，机身可折叠，旋翼轴可倾转，提供了更高的飞行效率。

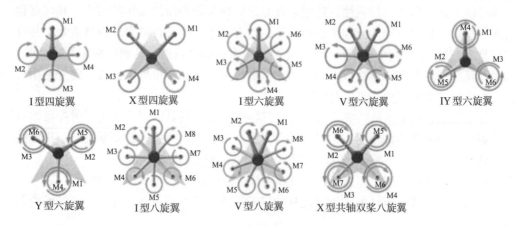

图2-1　常见的多旋翼飞行器气动布局

无人机的系统布局对其性能和应用具有决定性作用。从十字形、X形到Y形、H形，再到共轴双桨和微型布局，每种布局都有其独特的优势和适用场景。随着技术的发展，无人机设计正朝着更小型化、更高效、更易操作的方向发展，以满足不断增长的消费级市场需求。未来的无人机设计将继续探索创新的布局方式，以提高飞行效率、载重能力和用户体验。

3. 多旋翼飞行器结构形式

多旋翼飞行器的结构形式多样，每种设计都针对特定的应用和性能要求，以下是常见的多旋翼飞行器结构形式。

（1）无边框常规固定式

优点：结构简单，实用，没有多余的连接部件，整体强度好，重量轻。

缺点：可能影响航拍画面的成像，例如脚架可能进入拍摄画面。

（2）带边框常规固定式

优点：提供对飞行器和周围人的保护，提高安全性。

缺点：增加重量，可能缩短续航时间。

（3）穿越式（竞速）机型

特点：动力强劲，体积小巧，阻力小，飞行速度快，适合竞速比赛。

（4）手动变形式

优点：便于运输和储存，节省空间，在运输过程中无须拆螺旋桨。

（5）自动脚架收放式

优点：在航拍时可实现360°全角度拍摄，减少飞行阻力。

（6）自动整体变形式

特点：起落架与机体结构合一，提供更好的视野和飞行稳定性。

轴距是决定多旋翼飞行器大小的关键参数，指外圈电机组成的圆周直径，通常以毫米（mm）为单位。如图展示了三种不同轴距的多旋翼飞行器，展示了它们之间的差异，图2-2给出了几种不同轴距的多旋翼飞行器结构图。多旋翼飞行器的结构设计对其性能和应用具有显著影响。从简单的无边框设计到复杂的变形结构，每种设计都旨在优化特定场景下的性能。随着技术的进步和消费者需求的发展，未来的多旋翼飞行器将更加注重便携性、稳定性和续航能力。创新的设计将继续推动这一领域的发展，为用户带来更加高效和多样化的飞行体验。

轴距450 mm　　　　轴距1400 mm　　　　轴距1000 mm

图2-2　不同轴距的多旋翼飞行器结构

2.2　飞控子系统

1. 飞控子系统概述

飞控系统，全称为飞行控制系统，也称为"自动驾驶仪"，简称"自驾仪"，是无人机实现自动驾驶的关键系统。它不仅控制无人机的姿态，保持稳定飞行，还能实现从一点到另一点的导航功能。飞控子系统是无人机的"大脑"，负责飞行控制和导航的核心功能，是无人机实现自主飞行和导航的关键组件。它通过集成多种传感器，如全球定位系统（简称GPS）、惯性测量单元（IMU）、气压计等，实时获取无人机的飞行状态，并进行数据处理和飞行控制指令的生成，图2-3给出了几种典型的飞控系统，具体如下。

Pixhawk开源飞控系统：适用于多旋翼、固定翼、直升机等多种机型，以其开源性、强大功能和可靠性受到广泛欢迎。

大疆N3飞控系统：提供高性价比的入门级飞控解决方案，具备使用方便、调试简单、性能稳定等特点，适用于多旋翼无人机，并支持DJI SDK，便于开发者进行应用开发。

极翼K3A飞控系统：具有较高性价比，功能强大，适用于农业植保等多种应用场景。

无矩科技飞控系统：技术成熟稳定，适用于直升机、多旋翼等机型，提供高性能的导航和控制解决方案。

致导科技狮子座飞控系统：支持多旋翼、固定翼、垂直起降固定翼等机型，操作简便，被多家无人机培训机构用于地面站科目考试。

上海拓工T1飞控系统：为多旋翼植保无人机提供精准、高效的飞控解决方案，具备智能喷洒和安全稳定的特点。

在选择飞控系统时，用户应根据自己的应用需求、技术经验以及预算来作出决策。每种飞控系统都有其特定的优势和适用场景，从开源的灵活性到专业品牌的技术支持，用户可以根据自己的实际情况选择最合适的飞控系统。随着无人机技术的不断进步，飞控系统的功能也在不断增强，为无人机的飞行安全和操作便利性提供了更强有力的保障。

PIXHWAK 开源飞控系统

大疆 N3 飞控系统

极翼 K3A 飞控系统

无距科技飞控系统

致导狮子座飞控

拓攻 T1 飞控系统

图 2-3　无人机飞控系统

飞控系统是无人机系统中不可或缺的核心部分，其主要功能涵盖了以下几个方面。

①飞行状态控制——负责无人机的起飞、悬停、航线跟踪、降落等基本飞行动作的实现。

②导航——利用 GPS 等传感器进行精确定位，并执行路径规划，确保无人机按预定航线飞行。

③数据融合——整合来自不同传感器的数据，通过高级算法提供精确的飞行状态估计。

④故障诊断——实时监控飞行状态参数，进行故障检测，并执行应急处理程序，确保飞行安全。

飞控子系统决定了无人机的飞行性能和安全性。随着技术不断进步，现代飞控系统已经超越了基本的飞行控制功能。它们通过集成先进的传感器和算法，实现了更高级别的自主飞行和智能化操作。未来的飞控系统将继续朝着更高可靠性、更强大功能和更易用性的方向发展，以满足日益增长的应用需求，并提升用户体验。这些发展方向包括但不限于提高系统的容错能力、增强环境感知和适应能力，以及优化人机交互界面，从而使无人机的操作更加简便、安全。

2. 飞控子系统组成

飞控子系统是无人机实现自主飞行的核心，由多个关键模块组成，每个模块承担着特定的功能和角色。

主控模块——相当于无人机的中央处理单元（CPU），负责处理来自传感器的数据和执行飞行指令，姿态稳定与控制、导航与制导、自主飞行、自动起飞和着陆等关键功能。

惯性测量单元（IMU）——包含陀螺仪（角速率传感器）、加速度计、气压计等，用于测量无人机在三维空间内的姿态和速度变化。高级飞控系统通常内置两套IMU，以提高飞行安全性。

电源管理单元（PMU）——合理分配电能给无人机各部件，并监控用电情况，确保电源系统的稳定运行。

GPS模块——包含GPS天线和指南针，提供位置、高度、速度等关键导航数据，用于实现飞行器的水平定位和航向测量。

LED模块——显示飞控的工作状态和电池电量，提供低电压报警等警示信息。

数传电台——包括机载端（天空端）和地面端，用于无人机与地面站之间的数据传输，传输飞行计划、航点信息以及无人机的实时状态数据。

飞控系统的设计和功能对于无人机的性能至关重要，它不仅确保了飞行的稳定性和安全性，也为无人机的多样化应用提供了技术基础。随着技术的不断进步，未来的飞控系统将更加智能化、精准化，满足更高级别的飞行任务需求。

3. 开源飞控简介

开源文化起源于开源软件，它指的是源代码可以被任何人获取的计算机软件。开源软件的版权持有者在遵守特定软件协议的基础上，保留了部分权利，同时允许用户学习、修改和提升软件质量。开源软件项目通常设有论坛，由团队或个人管理，用户可以在论坛上下载源代码，进行功能增加或改进，修复漏洞，并将修改后的版本分享给社区。软件管理者可以从众多修改中选择合适代码，改进软件，并发布新版本，形成共同开发、共同分享的良性循环。

与开源软件相对的是闭源软件。闭源软件能很好地保护知识产权，并为开发团队带来利润。例如，安卓操作系统是开源的，而苹果公司的iOS是闭源的。开源软件通常通过提供服务、企业版软件或其他附属产品来获得收益。

开源硬件也是开源文化的一部分，用户可以自由获取硬件的电路图、材料清单、设计图和相关软件，并自由使用或分享。Arduino是应用广泛、拓展性好的开源硬件之一，其编程语言简单易学，有丰富的第三方资源和社区支持，节省了学习和开发时间，成为全球流行的硬件开发平台。

开源飞控是基于开源思想建立的自动飞行控制器项目，包含开源硬件和软件。开源硬件可以使用指定硬件或自制硬件，软件包括固件和地面站软件。最早的开源飞控基于Arduino平台，如MWC和APM。开源项目具有商业性，有官方法律条款界定权利。开源飞控发展经历了三个阶段：第一代实现基本飞行，第二代集成多种传感器，可自主飞行，第三代则更智能化，可实现图像识别、避障等功能。

APM是由DIY Drones社区推出的飞控产品，基于Arduino平台，改进了多处硬件，具有良好的可定制性。PX4是苏黎世联邦大学和3DR联合APM小组推出的开源项目，拥有两套硬件和地面站软件。OpenPilot是由社区推出的自动驾驶仪项目，以硬件架构简单著称。MWC是基于Arduino的开源飞控，支持多种旋翼类型。KK飞控是韩国开源飞控项目，使用低成本陀螺仪，支持多种飞行器布局。PIPELINE是软硬件全开源的项目，包括地面站硬件和软件，采用Ubuntu操作系统。

开源项目的发展不断推动技术的创新和应用的拓展，为无人机领域带来了多样化的解决方案和广泛的社区支持。随着技术的进步，开源飞控和其他开源项目将继续促进无人机技术的发展和应用。

4. 多旋翼的控制模式

多旋翼无人机的控制模式是其操作灵活性和功能性的关键。以下是对多旋翼无人机几种控制模式的描述。

（1）全球定位模式（GPS模式）

特点：自稳、定高、定点。

操作：在无操作时，无人机可保持在空中某一位置不动。

功能：通过陀螺仪感知姿态变化，通过气压计或超声波传感器维持高度，通过GPS或其他定位设备保持水平位置。

（2）姿态模式

特点：相比定位模式缺少定点功能，只有自稳和定高。

操作：飞控仅参与内回路控制，不负责水平位置的稳定。

应用：专业航拍创作，避免画面停顿；专业飞手训练，如考取无人机驾驶执照。

（3）手动模式

特点：操控难度高，机动性高。

操作：飞控不参与任何控制，完全依赖驾驶员调整姿态。

应用：娱乐竞技，如穿越机飞行。

（4）无头模式（IOC智能方向控制）

特点：无须考虑机头朝向，简化操作。

操作：飞行器的前后左右以起飞点为中心记录，不受机头朝向影响。

应用：适合初学者，简化起飞和基本操作。

（5）有头模式

特点：飞行器的飞行方向与机头朝向一致。

操作：需要驾驶员对飞行器的朝向有清晰认识。

应用：适合有经验的驾驶员，需要精准控制飞行方向。

每种模式都有其特定的应用场景和操作要求。定位模式因其稳定性和易用性，是多旋翼无人机最常用的控制模式之一。姿态模式适用于需要更自由控制的场景，而手动模式则为专业飞手提供了更高的操控自由度。无头模式大大简化了操作，降低了操作难度，适合初学者和某些特定的飞行任务，操控示意图如图2-4所示。有头模式则要求驾驶员对飞行器的控制有更深入的理解和经验。

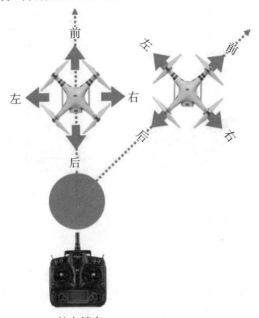

航向锁定

图2-4　无头模式操控示意图

了解和掌握这些控制模式对于无人机的安全飞行和高效任务执行至关重要。随着技术的不断进步，未来的无人机控制系统将更加智能化和个性化，以满足不同用户的需求。

2.3　动力子系统

1. 动力子系统概述

动力系统是无人机能量转换与供应的核心部分，直接关联到飞行器的动能提供。它负责为多旋翼无人机提供所需的能量，以实现飞行。图2-5展示了动力系统组成零件的实物图。

（1）螺旋桨：通过旋转产生升力，是无人机飞行的直接动力来源。

（2）电机：将电能转换为机械能，通过旋转带动螺旋桨。现代无人机普遍采用无刷电机，因其高效率、低维护成本和较长的使用寿命而受到青睐。

（3）电子调速器：也称为"无刷电子调速器"，用于调节电机的转速，从而控制无人机的升力和飞行状态。电子调速器是实现精准飞行控制的重要组件。

（4）电池：作为无人机的动力源，电池为整个动力系统提供电能。电池的性能直接影响无人机的飞行时间、载重能力和机动性。

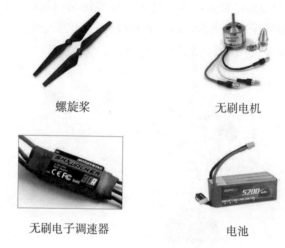

螺旋桨 无刷电机

无刷电子调速器 电池

图2-5 动力系统组成

动力系统的主要作用如下。

①能量转换——将电能通过电机转换为机械能，驱动螺旋桨旋转。

②飞行控制——通过电子调速器调节电机转速，实现无人机飞行状态的控制。

③性能保证——电池的容量和放电率决定了无人机的续航能力和机动性能。

动力系统是无人机设计中不可或缺的组成部分，它确保了无人机能够执行所需的飞行任务。随着电池技术和电机控制技术的不断进步，未来的无人机动力系统预计将提供更高的能效比、更强的负载能力和更长的续航时间，从而满足多样化的飞行需求。这些技术进步将进一步提升无人机在各个应用领域中的表现和效率。

2. 螺旋桨

螺旋桨是飞行器产生推力或拉力的关键部件，其设计和性能直接影响飞行器的飞行特性，螺旋桨的基本构造如图2-6所示。桨叶是螺旋桨的弯曲部分，包括叶根（桨根）和叶尖（桨尖）。桨骨是桨叶安装结合的部分。桨弦是桨叶前缘与后缘的连线。螺距是指螺旋桨旋转一周理论上前进或上升的距离，通常与桨叶角有关。

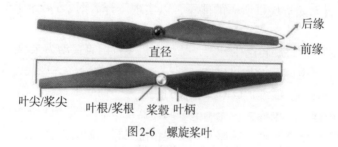

后缘
前缘
直径
叶尖/桨尖 叶根/桨根 桨毂 叶柄

图2-6 螺旋桨叶

螺旋桨剖面如图2-7所示，桨叶角是指桨弦与旋转平面的夹角，迎角是指相对气流方向与桨弦的夹角，入流角是指相对气流方向与旋转平面的夹角。

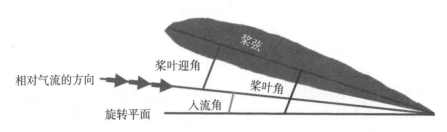

图2-7　螺旋桨剖面

螺旋桨型号通常由四或五位数组成，表示直径和螺距，单位为英寸。例如，型号"1550"表示直径15英寸，螺距5英寸。

螺旋桨的正反桨判断符合右手螺旋法则，用于判断螺旋桨旋转方向，确定正桨（逆时针）或反桨（顺时针）。

螺旋桨静平衡是指螺旋桨两个桨叶重量是否一致，动平衡是指螺旋桨旋转时的稳定性，无震动为动平衡好。

螺旋桨的材质包含塑料或尼龙、碳纤维、木质等。塑料或尼龙价格低廉，但刚性低、易变形，碳纤维刚性高、颤震小，但价格高、较脆。木质硬度高、不易受潮、颤震小，但重量较大。

螺旋桨可以有多叶设计，如三叶、四叶等。桨叶越多，产生的拉力越大，但响应速度慢，消耗功率大。

螺旋桨的设计和材料选择对飞行器性能有重要影响。在设计螺旋桨时，需要考虑其直径、螺距、平衡性以及材质等因素，以满足特定飞行器的飞行需求。随着材料科学和制造技术的发展，未来螺旋桨的设计将更加优化，以提升飞行器的整体性能和飞行体验。

3. 电机

无人机动力系统中的电机部分确实是实现飞行的核心组件，下面将从无人机电机的分类、构造、规格、效率匹配、选用原则以及动力冗余等方面展开论述。

首先是电机的分类，按电源类型分为直流电机（DC）和交流电机（AC）；按转动部分分为内转子电机和外转子电机；按电刷类型分为有刷电机和无刷电机。无人机常用电机主要采用交流外转子无刷电机，因其低转速、大扭矩的特点，适合于低速大桨的应用。

电机的构造包含定子和转子两部分，定子是指电机中不动的部分，转子是指电机中转动的部分，无人机通常使用外转子电机。电机规格参数包括尺寸、线圈匝数、kV值，尺寸：如2212，表示定子线圈直径22 mm，高度12 mm；线圈匝数：如10 T，表示定子线圈上绕的铜线匝数；kV值：电机电压每增加1 V，空转时每分钟增加的转速（单位rpm/V）。

电机的效率和匹配方面，选择电机时要考虑转速与效率的平衡，并非转速越高越好。电机与螺旋桨匹配的原则：优先选用更大的螺旋桨，因为慢速大桨效率较高。电机kV值应与螺旋桨直径和螺距相匹配,低kV值电机更适合大桨。

电机的选用和动力冗余:为确保飞行安全,建议整机重量不超过最大拉力的2/3,实现动力冗余。电机参数表提供了电机型号、kV值、电压、测试螺旋桨型号、最大电流下推力值等关键信息。

电池的选择:选取合适的电池对于螺旋桨的性能和电机的效率有直接影响,电池的电压和容量需要与电机和螺旋桨匹配,以确保无人机的动力系统能够提供稳定和持续的动力输出。

无人机电机的选择和匹配是一个复杂的过程,涉及电机的类型、规格、效率以及与螺旋桨的配合。正确的选择不仅可以提高飞行效率,还可以确保飞行安全。随着无人机技术的不断发展,电机和螺旋桨的设计将继续优化,以满足不同应用场景的需求。动力冗余设计对于提高无人机的可靠性和安全性至关重要,特别是在多旋翼无人机系统中。精心设计和匹配的动力系统可以使无人机更有效地执行各种任务,同时降低操作风险。

电机作为无人机动力系统的核心部件,其工作原理和特性对无人机的性能有着直接影响。

电机的转动与磁场的相互作用密切相关,涉及两种类型的磁铁:永磁铁和电磁铁。永磁铁因其固有磁性,无须外部电源。电磁铁则通过通电产生磁性,磁性随电流方向变化。一般运用右手螺旋定则(安培定则)判断通电导体产生的磁场方向:右手握住导体,四指指向电流方向,拇指指向磁场的北极。利用永磁铁和电磁铁之间的相互作用(吸引与排斥)产生力矩,使电机转动。

4. 电子调速器

电子调速器(ESC)是无人机动力系统中不可或缺的关键组件,其主要任务是接收飞控系统发出的控制信号,并据此调节电机的转速,以实现对无人机飞行状态的精确控制。一些高级ESC还具备监测电池电压和提供稳定供电的功能,后者通常指那些集成了BEC(免电池电路)的ESC。

在连接ESC时,需要考虑电机连接、电源连接和控制信号连接。电机通过三根等粗的硅胶线与之相连,而电源连接则通过较粗的红色(正极)和黑色(负极)线完成。控制信号则通过三根较细的硅胶线(杜邦线)从飞控或接收机传输至ESC,包括可能的负电池电路(battery eliminator circait,简称BEC)供电线、接地线和信号线。

选择ESC时,需要关注其规格与参数,包括适用电池(如2-3S LIPO,适用于2至3片锂聚合物电池串联)、持续电流(如30 A,ESC能长时间承受的最大电流)、瞬间电流(如55 A,ESC在10秒内能承受的最大电流)以及BEC输出(如3A 5V,表示ESC能提供5 V、3 A的电流)。

在选择合适ESC的过程中,应首先计算无人机的总重量,然后除以电机数量以确定每个电机所需的拉力。根据电机规格表确定悬停电流后,将此电流值乘以4至5倍,从而得出所需的ESC持续电流规格。这一计算过程对于确保无人机动力系统的稳定性和安全性至关重要。

ESC接收飞控PWM信号，控制电机转速。PWM信号是脉冲宽度调制信号，通过占空比控制电机转速，图2-8给出了PWM信号下电机转速的变化。

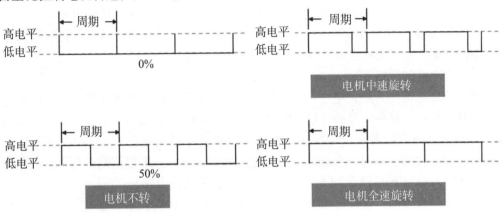

图2-8　不同PWM信号下电机转速的变化

ESC是无人机动力系统中不可或缺的组件，其性能直接影响无人机的飞行控制和安全性。选择合适的ESC不仅需要考虑其持续电流和瞬间电流规格，还应考虑是否集成BEC功能以及支持的电池节数。随着无人机技术的发展，ESC的设计将继续优化，以适应更高效率和更高性能的飞行需求。正确选择和使用ESC对于确保无人机的稳定性和可靠性至关重要。

5. 无人机动力电池及选型

（1）电池的发展及锂电池的特点

电池技术作为新能源领域的重要组成部分，不仅标志着能源工业的绿色转型，也是技术革新的显著体现。现代电池工业的发展趋势呈现出几个显著特点。首先，绿色环保已成为设计和制造过程中的核心考量，电池技术正逐渐采用对环境影响更小的材料和工艺。其次，可持续发展的理念促使电池工业从一次性电池转变为可充电电池，这不仅减少了资源浪费，也符合了循环经济的要求。此外，随着电子设备对便携性要求的提高，电池技术也在向小型化、轻薄化方向迅速发展。

在众多电池技术中，锂电池因其卓越的性能而成为行业的焦点。锂电池的高电压特性，使得单体工作电压可达3.7～3.8 V，这大约是传统镍铬或镍氢电池的三倍，提供了更高的电能输出。在比能量方面，锂电池同样表现出色，实际比能量高达550 W时每千克，材料比能量可达150 mA时每克以上，远超传统电池。此外，锂电池的长循环寿命也是其备受青睐的原因之一。根据行业标准，商用锂电池的循环寿命通常为300～500次，部分高级型号可达1 000次。。

安全性能是锂电池另一大优势。锂电池不含铅、汞等对环境有害的物质，而且，特别是聚合物锂电池，相比传统液体电解质锂电池，具有更高的安全系数，大大降低了燃烧和泄漏的风险。值得一提的是，锂电池没有传统电池中的记忆效应问题，这使得电池的使用和充电更加灵活，提高了电池的使用寿命和用户的使用体验。

正是由于这些优势，锂电池技术已经成为电池工业的主流选择。随着全球对环保和可持续发展重视程度的不断提升，锂电池的进一步发展和应用无疑将推动新能源领域的技术进步。展望未来，电池技术将持续向更高能量密度、更长使用寿命和更高安全性的方向发展，以应对日益增长的能源需求和严格的环保标准。这不仅将促进新能源行业的繁荣，也将为社会的可持续发展作出重要贡献。

（2）锂电池的规格表示

聚合物锂电池作为现代电池技术的先进代表，在无人机和其他便携式电子设备中的应用日益广泛。这种电池的容量通常以毫安时（mA·h）或安时（A·h）来表示，例如，5 200 mA·h意味着电池可以在5 200 mA的电流下持续放电1小时。此外，瓦时（Wh）作为电池容量的另一种表示方式，通过安时（A·h）乘以电池电压（V）来计算，如5 200 mA·h的电池在14.8 V的标称电压下，其能量为76.96 W·h。

在电压特性方面，聚合物锂电池的标称电压通常为3.7 V，而满电电压则为4.2 V。对于长时间不使用的电池，应保持在建议的3.85 V电压范围内，以确保电池的健康状态。此外，充放电倍率是衡量电池性能的关键参数，如放电倍率30 C表示电池可以承受的最大放电电流是其容量的30倍，充电倍率如5C则表示最大充电电流是电池容量的5倍。

电池的串联与并联是两种增加电池性能的方式。串联不仅增加了电池的总电压，而且保持了容量不变，如3S电池即由三片电芯串联组成。并联则通过增加电池的数量来提升容量，而电压保持不变，例如2P配置意味着两组电池并联使用。

电池参数的详细说明对于选择合适的电池至关重要，如图2-9所示。电芯数量，如6 cells，表明电池由6片电芯组成。标称电压，如22.2 V，是电池的标准工作电压。容量表示，如488.4 W·h，反映了电池的能量容量。最大放电倍率，如25C，显示了电池在放电时可以承受的最大电流。

电芯数量：6
标称电压：22.2 V
容量：488.4W·h
放电倍率：25 C
容量：22 000 mA·h

图2-9　锂电池实物参数

聚合物锂电池以其高能量密度、长循环寿命、良好的安全性能以及无记忆效应等优点，在现代电池技术中占据重要地位。电池的规格表示、电压特性、充放电倍率等参数对于电池的选择和使用至关重要。正确理解和应用这些参数，有助于提高电池的使用效率和安全性，延长电池的使用寿命。随着电池技术的不断进步，聚合物锂电池的应用范围将进一步扩大，为便携式设备和新能源领域带来更多创新和发展。

（3）硅胶线及常见插头

硅胶线和电池插头在无人机动力系统中发挥着至关重要的作用，它们不仅影响着电池的性能，更是保障飞行安全性的关键因素。

硅胶线作为连接电池与用电器的导线，其直径规格普遍采用 AWG（美国线规）来表示，如图 2-10 所示。AWG 数值越小，代表线径越粗，相应的电阻也越小，能够承载的电流也就越大。例如，12 AWG 的线表示线径较粗，而 26 AWG 的线则相对较细。不同的 AWG 规格线具有不同的电气特性，包括电阻和最大电流承载能力，这些特性对于确保无人机动力传输的效率和安全至关重要。

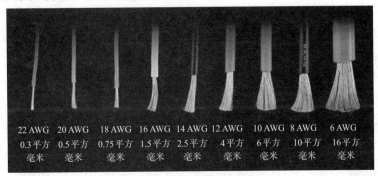

图 2-10　硅胶线美国线规

无人机常用的电池插头有多种类型，包括 XT30、XT60、XT90S、XT150、AS150、T 插和 GST 等，它们各自有着不同的额定电流和最大电流，适用于不同尺寸和需求的无人机。例如，XT30 插头的额定电流为 15 A，最大电流可达 30 A，适合小尺寸穿越机使用；而 XT60 插头的额定电流为 60 A，最大电流为 100 A，适用于小型无人机或航模。每种插头都根据其设计和电流承载能力，满足了不同类型无人机的特定需求。

电池平衡头是锂电池使用中的另一个重要组件，它用于测量锂电池每一节电芯的电压，并在充电时实现平衡充电。锂电池由多节电芯组成，平衡头通常采用 XH 2.54 插头，其针脚间距为 2.54 mm。平衡头不仅可以分别测量每节电芯的电压，确保电池健康，还能在充电时通过平衡充电器对每节电芯进行单独充电，避免过充或欠充的问题。

正确选择和使用硅胶线、电池插头以及电池平衡头，对于确保无人机的安全飞行至关重要。AWG 规格决定了线的承载能力和电阻大小，而电池插头的选择则依据无人机的电流需求和安全特性。随着无人机技术的不断进步，对动力系统组件的标准化和安全性要求也在不断提升，这不仅有助于提高无人机的飞行效率，也将进一步推动无人机行业向更高性能的方向发展。

2.4　任务子系统

任务子系统，通常称为任务载荷，是无人机执行特定任务的关键设备。缺少了任务子系统，无人机的飞行将失去其实际意义。图 2-11 展示了任务子系统的组成。

云台相机：小型云台相机主要用于消费级无人机的拍照和摄像，提供稳定的图像捕捉能力，确保拍摄效果的清晰度和稳定性。

植保喷洒系统：与无人机配合，完成农业植保的喷洒作业。药箱的容量是决定喷洒量的关键，常见的药箱容量包括 5 kg、10 kg、15 kg，甚至 30 kg，以适应不同规模的作业需求。

光电吊舱：集成了可见光和红外光等专业光学设备，通常用于工业级应用场景，如监控和侦察，提供远距离的图像采集和分析能力。

五屏相机：用于倾斜摄影，能够同时拍摄正下方影像和四个倾斜角度影像，为地形地貌的三维建模提供全面的图片素材。

抛投模块：设计轻便且体积小，便于安装在无人机上，常用于救援现场，如投放救援食物、救生圈或救生绳，提高救援效率和响应速度。

喊话器模块：由地面端和机载端组成，用于警用维护治安或交通指挥疏导，实现空中喊话功能，增强现场指挥的灵活性和覆盖范围。

| 云台相机 | 植保喷洒系统 | 光电吊舱 |
| 五拼相机 | 抛投模块 | 喊话器模块 |

图2-11　任务子系统组成

除了上述模块外，链路子系统的双向传输能力也将进一步提升无人机的自主性和灵活性。通过优化通信协议、增强信号处理能力和提升数据传输速率，链路子系统将为无人机的稳定运行和安全飞行提供更加坚实的保障。这些技术的发展将共同推动无人机技术向更高水平发展，拓展其在现代世界中的应用前景。链路子系统包括图传（图像传输）和数传（数据传输），构成了无人机与地面站之间信息传递的关键桥梁，如图2-12所示。

图传系统：由发射端（机载端）和接收端组成，负责将无人机拍摄的视频画面通过通信链路传输到地面显示端。图传系统分为模拟图传和数字图传两种，其中数字图传因其高清晰度和低延迟特性，正逐渐成为市场的主流选择。

数传系统：与图传系统不同，数传系统能够实现双向传输。它不仅能够将无人机的状态信息（如位置、速度、高度、航向）实时传输到地面控制站，还能将地面控制软件设定的航线信息传输给无人机，实现对其精确控制。

任务子系统为无人机提供了多样化的任务执行能力，涵盖了从农业植保到紧急救援，从空中监控到交通指挥等多个领域。无人机的应用范围因任务子系统而得到了极大的扩展。随着技术的不断进步，未来的任务子系统将趋向于更加智能化和高效化，能够满足更多复杂场景下的应用需求。

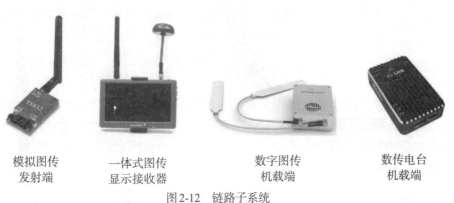

模拟图传　　　一体式图传　　　数字图传　　　数传电台
发射端　　　　显示接收器　　　机载端　　　　机载端

图2-12　链路子系统

第3章　无人机组装调试技术

　　无人机组装调试技术是指将无人机的各个部件按照设计图纸和规范要求进行组装，并进行必要的调试，确保无人机能够正常飞行和执行任务的一系列技术和方法。本章以北京中科浩电科技有限公司生产的一体多形工程实训无人机（E360-DX）为例，讲解无人机整机的组装与拆解过程。

3.1　X形无人机

3.1.1　X形无人机的整机拆解

　　X形无人机的整机拆解是指将无人机分解为各个部件的过程，这通常是为了进行维护、修理或升级。

1. 多旋翼无人机电气控制系统

　　基本电气设备在无人机飞行的过程中主要起到给螺旋桨提供动力、调节螺旋桨转速、保持无人机稳定、控制翼面使模型做出各种动作等作用。这些设备是整个无人机的主体控制设备，飞行的稳定、安全以及各种动作全部依托于电气设备的稳定程度。在无人机制作的过程中，主要涉及的电气设备有电机、电子调速器、舵机、电池、电压报警器、平衡充电器、遥控发射机、遥控接收机、飞行控制系统（陀螺仪）等。

2. 螺旋桨拆解

　　在无人机的维护过程中，螺旋桨的拆解是常见且重要的一环。黑色与白色电机螺帽的拧动方向一致性是拆解过程中需首先考虑的问题。具体步骤如下，如图3-1所示。

　　（1）使用12 mm套筒螺丝刀，将套筒对准电机螺丝帽。

　　（2）顺时针拧松黑色螺帽以取下螺旋桨放置合适位置。

　　（3）逆时针拧松白色螺帽，依此方法完成其余两个螺旋桨的拆解。

　　（4）将电机螺丝重新安装至原位，并妥善整理收纳配件与工具。

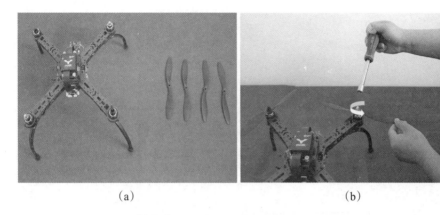

（a）　　　　　　　　　　　　　　（b）

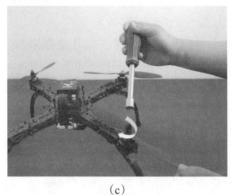

（c）

图3-1　螺旋桨拆解流程图

3. 飞控系统拆解

飞控系统是无人机的"大脑"，负责控制无人机的飞行和稳定。在拆解飞控系统前，需先进行排线的拆解。具体步骤如下，如图3-2所示。

（1）使用镊子将无人机下中心板与飞控排线连接的排扣逐一剥开，注意避免排线断裂。排线在无人机系统中承担供电与电信号传输的双重角色。

（2）拔除飞控减震垫圈，操作时需先将垫圈移至较大孔位后再进行拔除。

（3）取下飞控缓震垫圈，放置在合适位置。

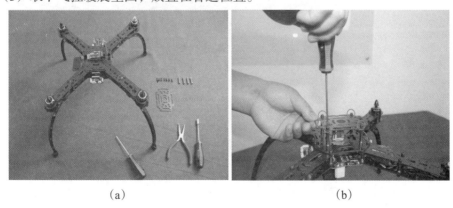

（a）　　　　　　　　　　　　　　（b）

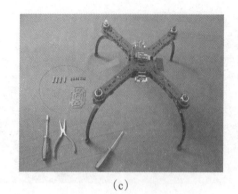

（c）

图3-2 飞控拆解流程图

4. 飞控支架拆解

飞控支架在无人机系统中起到减震作用，尤其在碰撞发生时，能有效降低飞控损伤，促进无人机快速调整姿态。具体步骤如下，如图3-3所示。

（1）使用2.5 mm螺丝刀，逆时针旋转飞控支架上的螺丝。

（2）依次拆下所有螺丝，并妥善放置拆解下的支架与螺丝。

（3）使用尖嘴钳，钳住机臂与上中心板连接处中间的螺丝，使用6 mm套筒拧下中心板上方铝柱。

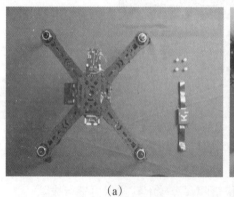
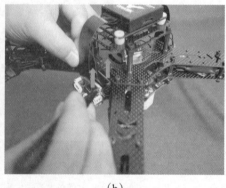

（a）　　　　　　　　　　　　　　（b）

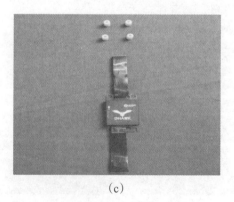

（c）

图3-3 飞控支架拆解流程图

5. 上中心板拆解

上中心板是无人机的主要结构部分。中心板主要由碳纤维材料构成，具有表面光滑、外形准确、对称性好以及高刚性、高强度、耐疲劳等优点。碳纤维材料的应用，可减轻无人机机体结构重量15%～20%，增加有效载重，并简化工艺装备，缩短制造周期，降低成本。具体步骤如下，如图3-4所示。

（1）使用2.5 mm内六角螺丝刀，逆时针旋转并取出机臂与上中心板连接处八颗螺丝，放置合适位置。

（2）将各部件放置在合适位置。

 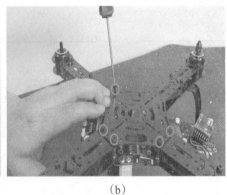

（a）　　　　　　　　　　　　　　（b）

图3-4　上中心板拆解流程图

6. 光流拆解与接收机拆解

光流接收机是无人机定位和稳定的关键部件。在拆解光流接收机前，需了解其工作原理。具体步骤如下，如图3-5所示。

（1）使用镊子，向外侧拔掉光流连接线，光流连接线位置：下中心板机头写有光流字样的接口。

（2）使用M3螺丝刀与尖嘴拆除机头处光流固定螺丝。

（3）找到接收机及排线端子头接口，翻转无人机后，使用镊子拔下接收机排线，注意锁子头的卡扣设计，避免硬拔导致线缆损伤。

（4）将各器件放置在合适位置。

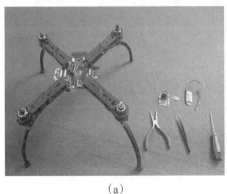 

（a）　　　　　　　　　　　　　　（b）

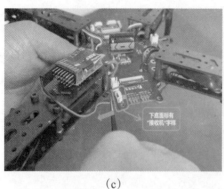
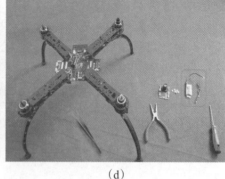

（c）　　　　　　　　　　　　（d）

图 3-5　光流拆解与接收机拆解流程图

7. 电池固定装置拆解

电池固定装置的稳固性直接关系到飞行安全。若电池在飞行过程中脱落，可能导致严重后果。具体步骤如下，如图 3-6 所示。

（1）取下电池固定装置。

（2）用尖嘴钳固定底部电池固定碳纤维横条的下方短铝柱。

（3）使用钳子逆时针旋转并拆下螺帽和螺丝。

（4）将零部件和绑带依次摆放好，放置在合适位置。

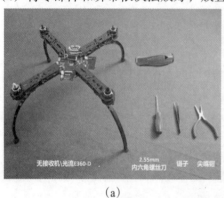
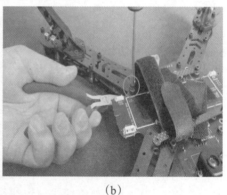

（a）　　　　　　　　　　　　（b）

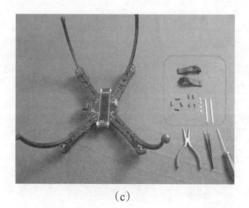

（c）

图 3-6　电池固定装置拆解流程图

8. 下中心板拆解

下中心板是无人机的主要结构部分，通常由碳纤维材料制成，具有高强度和轻重量。具体步骤如下，如图3-7所示。

（1）使用尖嘴钳钳住短铝柱，使用2.5 mm内六角螺丝刀拧松螺丝上面螺丝。

（2）使用镊子取出螺丝和短铝柱。

（3）将各部件放置在合适位置。

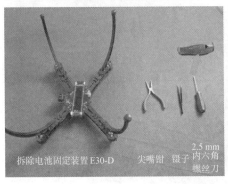

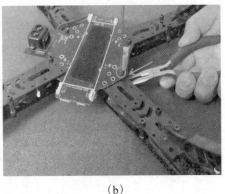

（a）

（b）

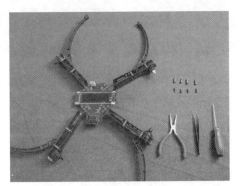

（c）

图3-7 下中心板拆解流程图

9. 机臂拆解

无人机机臂在系统中的作用是连接电机与机身，其硬度高，以减少机身震动，提高非控姿态解算的准确性。机臂的长短会影响无人机的轴距、动力、抗风和负重能力，因此在选择时需综合考量。具体步骤如下，如图3-8所示。

（1）使用2.5 mm内六角螺丝刀和6 mm套筒，逆时针旋转并拆下机臂板螺丝。

（2）使用6 mm套筒固定上方短铝柱，进行逆时针拧松。

（3）使用2.5 mm L形扳手固定下机臂的下方螺丝。

（4）将各部件放置在合适位置。

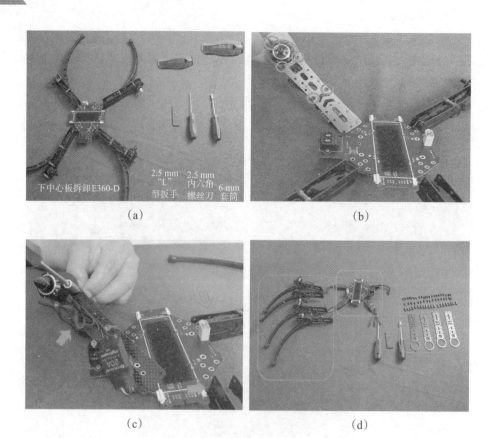

图3-8　机臂拆解流程图

10. 脚架拆解

脚架的定义是一端连接无人机机身，另一端与地面连接的组件，其稳定性对无人机的安全运行至关重要。无人机脚架的安装是为了在地面上稳定放置无人机，并保护下方的任务设备。具体步骤如下，如图3-9所示。

（1）使用尖嘴钳固定脚架螺丝帽

（2）使用2.5 mm螺丝刀，逆时针旋转拧下脚架上的螺丝。

（3）将4个脚架和8个螺丝帽放置在合适位置。

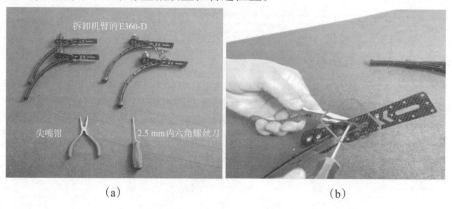

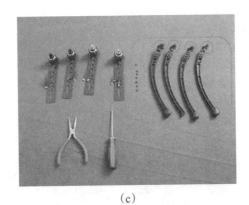

(c)

图3-9 脚架拆解流程图

11. 电机拆解

一般无人机采用的电机均为小型直流电机，主要分为有刷电机和无刷电机。具体步骤如下，如图3-10所示。

（1）使用2.5mm内六角螺丝刀，逆时针拧下螺丝。

（2）将拆卸电机与螺丝放入合适位置。

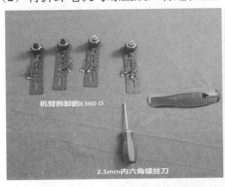

(a)

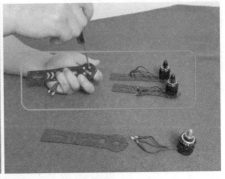

(b)

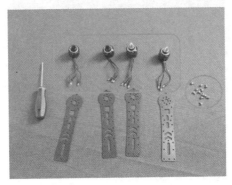

(c)

图3-10 电机拆解流程图

3.1.2 X形无人机的整机组装

X形无人机的整机组装是指将四旋翼无人机的所有组件按照正确的顺序和方法组合在一起，使其成为一个完整的、可以飞行的无人机系统。以下是X形无人机整机组装的一般步骤，如图3-11所示。

1. 电机安装

（1）取出电机，将电机握于掌心，三根电机线朝向内侧。

（2）取出含有空洞的电机安装板，电机方形端朝向内侧。

（3）电机的四个孔位类似于平行四边形，电机安装板的四个孔位也类似于平行四边形，两个平行四边形进行重合即可进行安装。

（4）使用2.5mm内六角螺丝刀，将白色螺丝放入圆孔，进行顺时针拧动锁紧。

（5）将电机放置在合适位置。

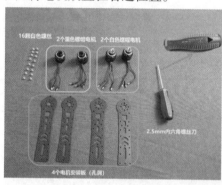
（a）

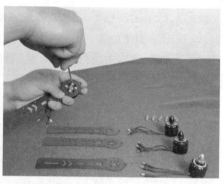
（b）

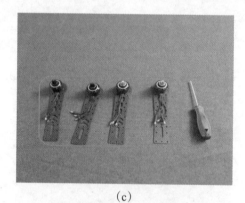
（c）

图3-11　电机安装流程图

2. 脚架安装

以下为脚架安装一般步骤，如图3-12所示。

（1）使用2.5mm内六角螺丝刀，进行穿过脚架两个孔位。

（2）将脚架与装好的电机下机臂板，穿过三个孔位的中间孔位，并且注意脚架朝向外侧。

（3）将螺丝帽穿过螺丝进行安装，用内六角螺丝刀将螺丝与螺帽进行锁紧。

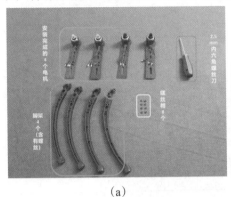

（a）

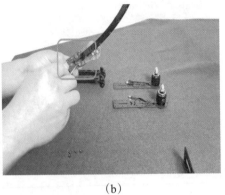

（b）

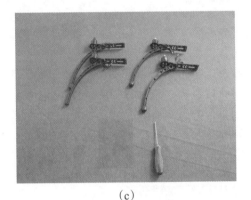

（c）

图 3-12　脚架安装流程图

3. 下中心板安装

以下为下中心板安装一般步骤，如图 3-13 所示。

（1）取出下中心板，按照机头方向超前摆放。

（2）拿起组装好的机臂脚架将机臂孔位与下中心板最外侧孔位对齐。

（3）使用 6 mm 套筒，用铝柱将穿过孔位的黑色螺丝进行锁死。

（4）安装完成，放置在合理位置。

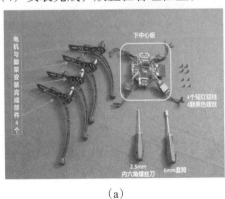

（a）

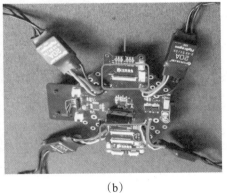

（b）

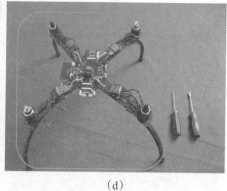

（c）   （d）

图3-13　下中心板安装流程图

4. 电池固定装置安装

以下为电池固定装置安装一般步骤，如图3-14所示。

（1）将此前组装好的部件翻转180°，平放在装调桌面。

（2）用电池固定碳纤维条穿过两条魔术扎带有口一端。

（3）将黑色螺丝穿过孔位并放入垫片，由毛面向光滑面穿过。

（4）用红色铝柱使用套筒将穿过孔位螺丝进行锁住，再使用2.5 mm内六角螺丝刀与6 mm套筒进行最终锁紧。

（5）将电池碳纤维固定条另一端与另一孔位进行对齐，并用黑色螺丝穿过孔位并锁紧。

（6）将组装好的部件放置在合适位置。

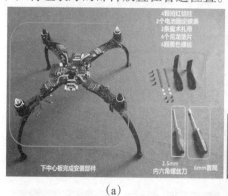
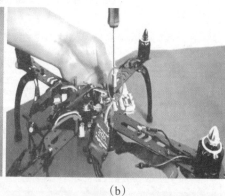

（a）   （b）

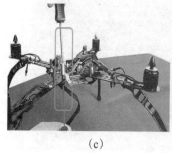
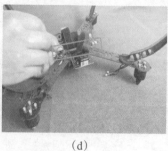
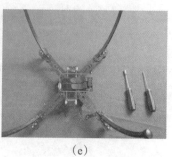

（c）   （d）   （e）

图3-14　电池固定装置安装流程图

5. 电调安装

以下为电调安装一般步骤，如图 3-15 所示。

（1）将白色电机的电调按从左到右顺序依次排列，电调有字一面朝上，并将电机线按顺序排列拿住。

（2）整理好的电机与电调线按顺序依次插入。

（3）将黑色电机的电调按从左到右顺序依次排列，电调有字一面朝上，并将电机线按顺序排列拿住。

（4）然后将电机线与电调线按照左与左连接，其余两根线进行交叉连接。

（5）将电机线与电调线连接处进行对折，并用电调专用魔术扎带进行机臂固定。

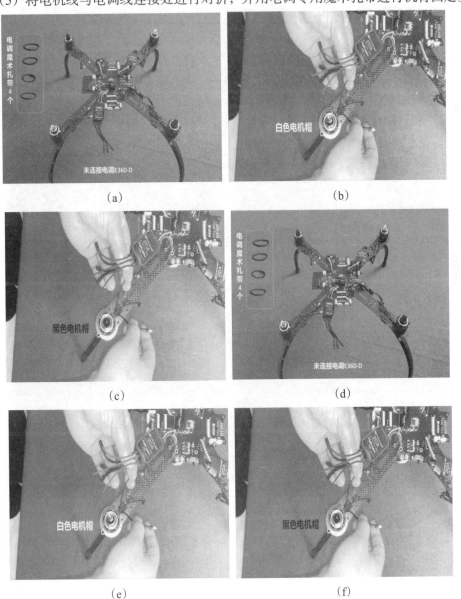

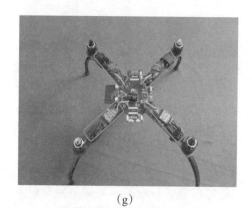

（g）

图3-15　电调安装流程图

6. 机臂安装

以下为机臂安装一般步骤，如图3-16所示。

（1）用6 mm套筒将红色铝柱与黑色螺丝锁紧。

（2）将上机臂碳板放置铝柱对应孔位，使用M3内六角螺丝刀和尖嘴钳将孔位锁紧加固。

（3）机臂安装完成，放置在合适位置。

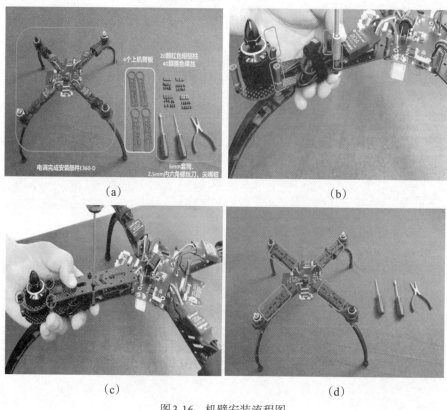

（a）　　　　　　　　　　　　　　　　（b）

（c）　　　　　　　　　　　　　　　　（d）

图3-16　机臂安装流程图

7. 飞控以及支架安装

以下为飞控及支架安装一般步骤，如图3-17所示。

（1）使用6 mm套筒将红色铝柱与穿过的黑色螺丝锁紧。

（2）将飞控支架与铝柱孔位对应，用2.5 mm内六角螺丝刀将黑色螺丝对角锁紧飞控支架碳板，防止螺丝孔位错位。

（3）将组装完成部分，放置在合适位置。

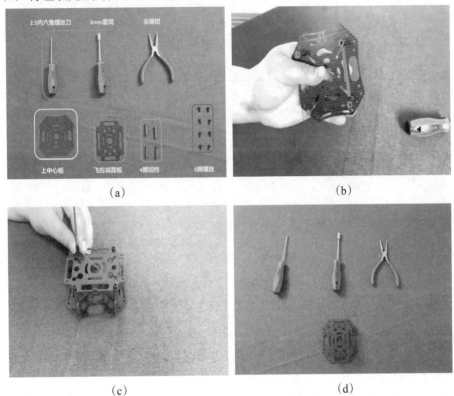

图3-17　飞控及支架安装流程图

8. 光流、接收机安装

以下为光流与接收机安装一般步骤，如图3-18所示。

（1）将接收机连接线与S.BUS/CH1进行连接，连接线银色金属面朝外。

（2）将接收机连接线与下中心板进行插入连接，并使用镊子对连接处进行固定。

（3）将光流与对应孔位按Y朝向机头正前方放置，使用2.5 mm内六角螺丝刀与镊子将螺丝与螺帽锁紧。

（4）使用镊子将光流连接线与端口进行插入连接。

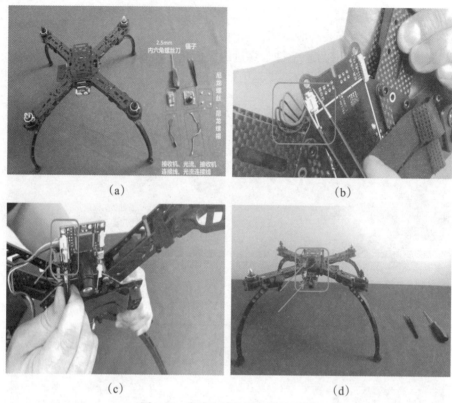

图3-18　光流和接收机安装流程图

9. 螺旋桨安装

以下为螺旋桨安装一般步骤，如图3-19所示。

（1）将桨叶按照迎风面朝向左安装在白色帽电机上；按照迎风面朝向右安装在黑色帽电机上。

（2）逆时针拧松螺丝，取下螺丝，放上桨叶，用套筒顺时针进行锁紧，确保相同颜色帽电机上的桨叶方向一致。

（3）安装完成后，查看转向是否正确。

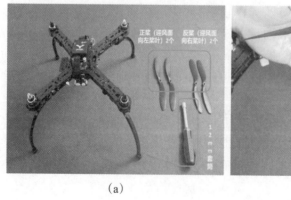
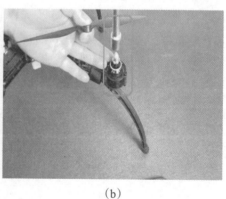

（c）　　　　　　　　　　　　　（d）

图3-19　螺旋桨安装流程图

3.1.3　X形无人机的整机调试

X形无人机的整机调试是指在无人机组装完成后，使用多旋翼无人机的开源控制系统对各个系统和组件进行测试和调整，确保无人机能够安全、稳定地飞行。

1. mission planner调试软件的安装

以下为mission planner调试软件的安装一般步骤，如图3-20所示。

（1）下载安装包，打开安装应用程序。

（2）点击next进入下一步，同时记住安装路径。

（3）点击Install进入安装，点击下一页进入飞控驱动安装。

（4）启动软件程序，将飞控接口与电脑USB接口连接，并选择对应COM口并连接，若数据参数获取成功，则说明软件安装成功。

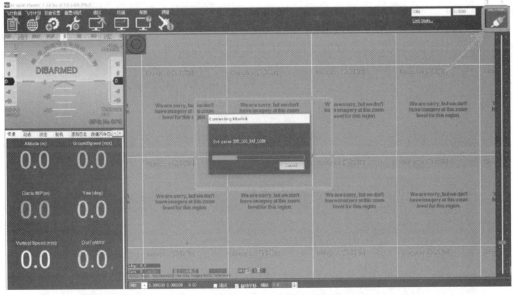

图3-20　mission planner软件安装完成页面

2. 飞控连接及固件刷写

以下为飞控连接及固体刷写一般步骤，如图3-21所示。

（1）在确保未安装桨叶和动力电池的情况下，将飞控接口与USB接口连接。

（2）打开mission planner选择初始设置，点击安装固件，等待获取完毕。

（3）点击加载自定义固件，选择E360-D固件打开，等待飞控指示灯由红色闪烁转为不闪烁，点击ok则固件刷写完毕。

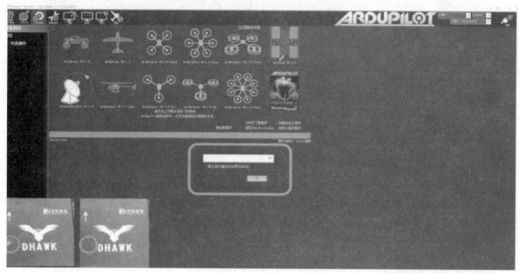

图3-21　固件刷写完成页面

3. 飞控与软件连接

以下为飞控与软件连接一般步骤，如图3-22所示。

（1）在电脑设备管理器查看端口COM，点击右上角COM口并选择波特率，点击连接，等待参数获取则连接成功。

（2）查看飞行数据，若数值变化范围在0.2～0.5范围内，飞控则与电脑连接完成。

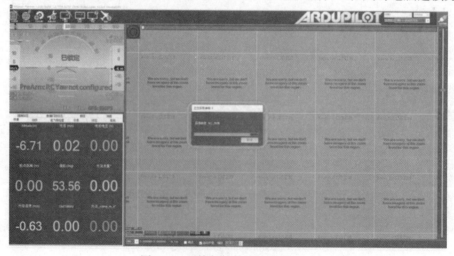

图3-22　飞控与软件连接完成页面

4. 参数刷写与修改

以下为参数刷写与修改一般步骤，如图 3-23 所示。

（1）选择配置调试，点击参数表，击角加载按钮。

（2）选择指定参数打开文件并确认。

（3）点击右下角搜索框，输入 ESC 并确认。

（4）点击断开连接，并将连接线取掉，则刷写及修改完成。

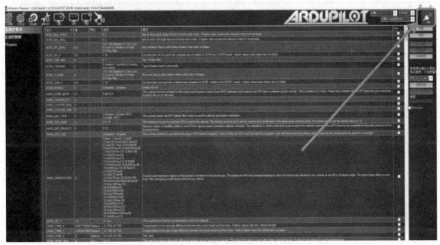

图 3-23　参数刷写完成页面

5. 机架选择及加速度计校准

以下为机架选择及加速度校准一般步骤，如图 3-24 所示。

（1）选择初始设置，点击必要硬件。

（2）点击机架类型并选择 X 型。

（3）选择加速度校准，并按照要求放置无人机。

（4）点击校准水平，当红色闪烁变为不亮则点击完成，机架选择及加速度校准完成。

图 3-24　加速度计校准完成页面

6. 指南针校准

以下为指南针校准一般步骤，如图3-25所示。

（1）选择指南针按图进行勾选。

（2）按照指示旋转无人机，最后将无人机整机水平放置在原位置。

（3）校准完成点击确认，若数值为绿色，英文提示为success则校准质量良好。

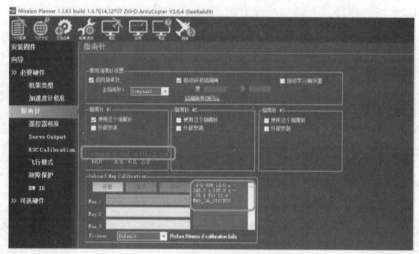

图3-25　指南针校准完成页面

7. 遥控器检查及校准

以下为遥控器检查对码及校准一般步骤，如图3-26所示。

（1）正确将电池与遥控器连接并正确放置并打开遥控器。

（2）长按接收机侧边按钮2～3秒，等待接收机指示灯由蓝紫相互闪烁变为蓝紫灯常亮，则遥控器与接收机对码完成。

（3）点击初始设置，选择遥控器校准，按照指示拨动摇杆和滑轮，当所有通道拨动完成时点击确认。

（4）弹出校准数据表，查看CH1-CH4数值为"1067-1931"并确认，则校准完成。

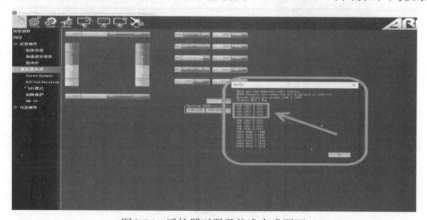

图3-26　遥控器对码及校准完成页面

8. 飞行模式及校准

以下为飞行模式及校准一般步骤，如图3-27所示。

（1）选择飞行模式并将金属摇杆拨到指定位置，完成后点击保存模式。

（2）点击complete写入，则飞行模式设置与校准完毕。

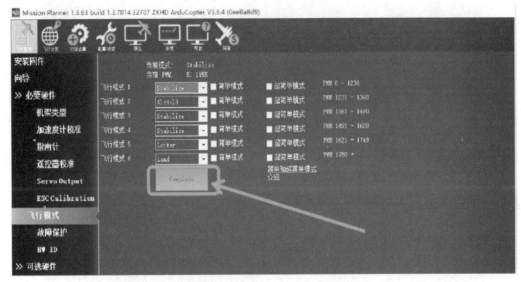

图 3-27　飞行模式校准完成页面

9. 电调校准及转向确认

以下为电调校准及转向确认一般步骤，如图3-28所示。

（1）关闭电源开关并将电池魔术扎带拨成镂空状态，电池插头朝向机尾并放入镂空空中并扎紧。

（2）连接电池，并将遥控油门摇杆垂直推到最上方位置，同时将机头右侧开关打开，拨动到"ON"连串滴声完毕后，拉到最低位置，又一串滴声后缓慢推动油门。

（3）用手轻触依次检查电机转向。

（4）最后将油门拉至最低并关闭电源。

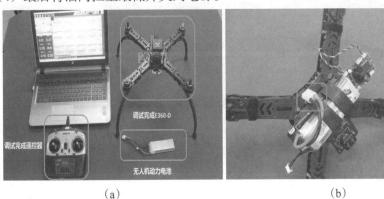

（a）　　　　　　　　　　　　　　　　　　（b）

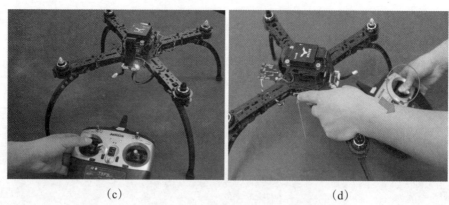

(c)　　　　　　　　　　　　　　　　(d)

图3-28　电调校准及转向确认流程图

10. 解锁与加锁验证

以下为解锁与加锁验证一般步骤，如图3-29所示。

（1）水平放置无人机并打开电源。

（2）等飞控指示灯熄灭并听到滴-滴的响声，两个金属摇杆拨动到最上方位置。

（3）将遥控摇杆以内八形式推动，保持3～5秒等待电机转动为解锁。

（4）将遥控摇杆以外八形式推动，保持3～5秒等待电机停转为加锁。

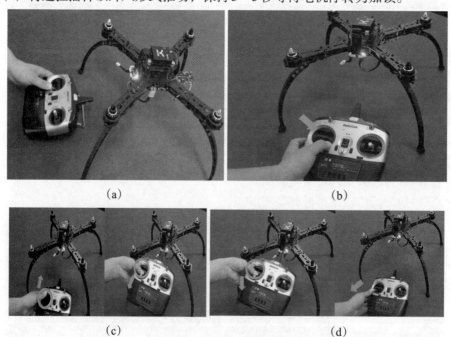

(a)　　　　　　　　　　　　　　　　(b)

(c)　　　　　　　　　　　　　　　　(d)

图3-29　解锁与加锁验证流程图

11. 自动调参

自动调参主要针对副翼和俯仰方向的PID参数进行自动调整，其原理是让无人机在空中倾斜一定的角度以后，自动计算并修正，使其恢复平衡所需要的时间、力度等数据，并以此确定PID参数，这个过程自动完成。所需要做的就是设置一个辅助通道的功能为"AutoTune"，将第七通道设置为"AutoTune"以后（第七通道PWM高有效），自稳起飞无人机在合适的高度切换到定高以后，打开第七通道开关，飞控会自动执行自动调参，调参状态时无人机会在空中自主做左右和前后抖动动作，抖动完成后，保持第七通道的开状态，降落上锁，无人机就会自动保存调参结果。

3.1.4　X形无人机的飞行测试

1. 整机飞行测试

以下为整机飞行测试一般步骤，如图3-30所示。

（1）正确安装螺旋桨并锁紧螺丝螺帽，正桨迎风面逆时针，反桨迎风面顺时针。

（2）用螺丝刀检查确认中心板、机臂板脚架等处螺丝螺帽锁紧，且电源开关处于关闭状态。

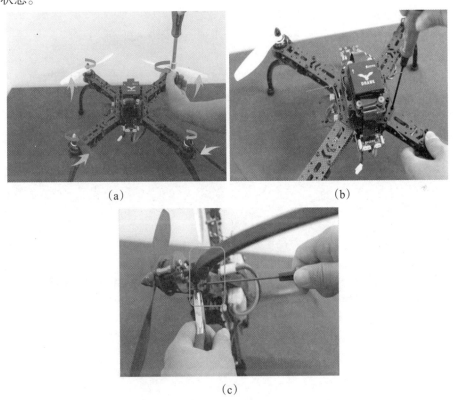

（a）　　　　　　　　　　（b）

（c）

图3-31　整机飞行测试流程图

2. 自由度测试台架整机飞行测试

以下为多自由度测试台架整机飞行测试一般步骤，如图3-31所示。

（1）在接收机对频完成后解锁，将油门摇杆从底部缓慢推至中位，再向上推动使无人机直接升起，再操控方向摇杆进行多自由度移动。

（2）操作完成后，进行加锁操作，并关闭电源。

（a） （b）

图3-31 多自由度测试台架整机飞行测试流程图

3. 室内飞行场地实际飞行测试

以下为室内飞行场地实际飞行测试一般步骤，如图3-32所示。

（1）水平放置无人机并打开电源开关。

（2）在接收机对频完成后解锁，将油门摇杆从底部缓慢推至中位，再向上推动使无人机直接升起，再操控方向摇杆进行各种移动。

（3）操作完成后，进行加锁操作，并关闭电源。

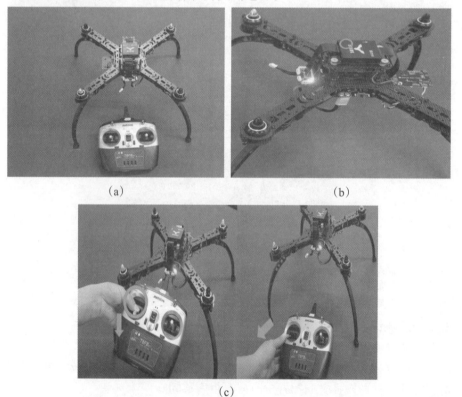

（a） （b）

（c）

图3-32 室内飞行场地实际飞行测试流程图

4.飞行练习

以下为飞行练习的一般步骤。

（1）起飞与降落练习：起飞与降落是无人机飞行过程中至关重要的操作环节，虽然看似简单，但绝不能忽视其重要性。首先确保无人机处于安全距离内，并切换到"稳定模式"（Stabilize）以解锁飞控系统，然后缓慢推动油门，使无人机平稳起飞。注意，即使油门已经推动了一定距离，电机尚未启动时，仍需保持缓慢操作，以防止因油门过大而导致失控。无人机离地后，逐步降低油门，直至达到约1米的高度。在此高度上，根据需要微调油门，使无人机稳定悬停。完成起飞后降低油门，使无人机缓慢接近地面。当无人机距离地面约5至10 cm时，适当推动油门，以减缓下降速度。再次降低油门，直至无人机平稳接触地面。触地后，不得再推动油门。将油门降到最低，并锁定飞控系统。在整个起飞和降落过程中，务必保持无人机的稳定性，避免过大的摆动幅度，以减少损坏螺旋桨的风险。

（2）升降练习：升降练习是无人机操控的基础，不仅可以锻炼对油门的控制能力，还能帮助初学者学会稳定无人机的飞行。首先在"稳定模式"下起飞无人机，然后迅速切换到"位置保持模式"（PosHold），进行上升和下降的练习。如遇紧急情况，可立即切换到"自动降落模式"（Land），确保安全降落。需确保练习场地有足够的高度和空间，最好在户外进行。

（3）俯仰练习：俯仰操作是无人机前行和后退的关键，正确的俯仰控制能保证无人机的准确飞行。首先在"稳定模式"下起飞无人机，然后迅速切换到"位置保持模式"，进行俯仰练习。如遇紧急情况，可立即切换到"自动降落模式"，防止意外。

（4）偏航练习：偏航练习是改变无人机飞行航线的基本操作，掌握这一技能对飞行控制至关重要。首先在"稳定模式"下起飞无人机，然后迅速切换到"位置保持模式"，进行偏航练习。如遇紧急情况，可立即切换到"自动降落模式"，确保安全。

5. 航线规划

多轴无人机与普通玩具无人机的区别不仅体现在体积、价格、性能和通信方式上，更在于多轴无人机具备航线自主规划的能力，这使得它们能够完全脱离手动遥控，实现自动驾驶。

航线规划原理为通过指令集规划航线，无人机能够按照预设的路径和任务自动飞行。航线规划中的指令主要分为两大类："导航"指令和"Do"指令。

导航指令是用于控制无人机的位置和飞行状态，如移动到特定坐标点、改变高度或速度等。Do指令是功能指令，用于执行特定动作或功能，如拍照、录像或改变飞行模式等，这些指令不会改变无人机的位置。航线规划的优势为减少人工操作，提高飞行效率和安全性，确保无人机按照预定航线精确飞行与通过"Do"指令，可以在飞行过程中执行多种任务。通过航线规划，多轴无人机能够实现更加智能和高效的飞行任务，广泛应用于航拍、测绘、巡检等领域。自动任务执行流程如下。

（1）使用Mission Planner软件连接无人机的飞控系统，并编辑航线。

（2）将规划好的航线写入飞控系统。

（3）将遥控器或地面站的飞行模式设置为"Auto flight mode"（自动飞行模式）。

（4）在确保安全的情况下，解锁无人机，使其准备执行任务。

（5）无人机将自动按照预设的航线和任务执行飞行。

（6）地面站操作员通过地面站的动作窗口，可以将飞行模式设置为"Auto"（自动），并点击"解锁/锁定"按钮。此时，无人机将自动执行之前规划的航线飞行任务。

3.2　H形无人机

3.2.1　H形无人机的整机组装

H形无人机通常指的是具有H形或十字形布局的多旋翼无人机，这种布局的无人机具有对称的臂部结构，通常有四个或更多旋翼。以下是H形无人机整机组装的一般步骤。

1. 电机安装

以下为电机安装的一般步骤，如图3-33所示。

（1）使用M3螺丝刀顺时针拧动锁紧螺丝。

（2）将安装好的电机放置在合适位置。

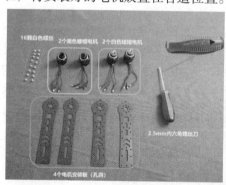
(a)

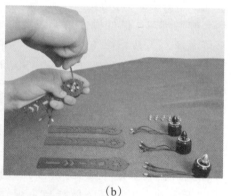
(b)

(c)

图3-33　电机安装流程图

2. 下中心板安装

以下为下中心板安装一般步骤，如图3-34所示。

（1）使用M3内六角螺丝刀与6 mm套筒进行铝柱与螺丝锁紧。

（2）确保黑色电机在前进方向的右上角和左下角，而白色电机在左上角与右下角。

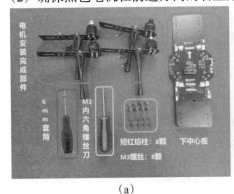

（a）

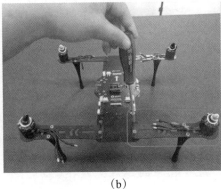

（b）

图3-34　下中心板安装流程图

3. 电调与上下机臂铝柱安装

以下为电调与上下机臂铝柱安装一般步骤，如图3-35所示。

（1）使用M3螺丝刀与6 mm套筒将铝柱和黑色螺丝锁紧，完成机臂的锁紧。

（2）整理好电机与电调线，白色电机按照顺序依次插入连接，黑色电机交叉连接。

（3）将连接好的电调放置在合理位置。

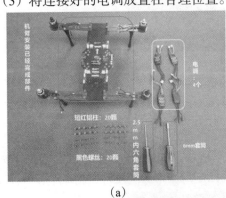

（a）

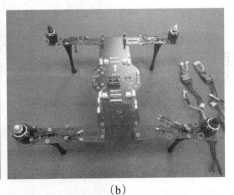

（b）

（c）

图3-35　电调与上机臂铝柱安装流程图

4. 上机臂与中心固定铝柱安装

以下为上机臂与中心固定铝柱安装的一般步骤，如图3-36所示。

（1）使用M3内六角螺丝刀将对应孔位使用黑色螺丝锁紧。

（2）使用M3内六角螺丝刀将红色铝柱用黑色螺丝锁紧。

（a）

（b）

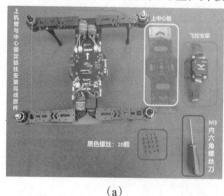

（c）

图3-36　上机臂与中心固定铝柱安装流程图

5. 上中心板及飞控支架安装

以下为上中心板及飞控支架安装一般步骤，如图3-37所示。

（1）将中心板与飞控支架孔位对应，再使用M3内六角螺丝刀将黑色螺丝与铝柱锁紧。

（2）将上中心板与机臂孔位对应，并使用M3内六角螺丝刀将黑色螺丝和铝柱锁紧。

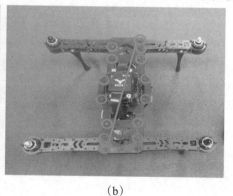

（a）　　　　　　　　　　　　　　　　（b）

图3-37　上中心板及飞控支架安装流程图

6. 光流、接收机及电池仓安装

以下为光流、接收机及电池仓安装一般步骤，如图3-38所示。

（1）将接收机3P段与接收机S.BUS（CH1）白色线朝上进行连接，并将另一端与中心板标有接收机一段进行插入连接。

（2）将4P连接线与下中心板标有光流、激光字样的端口连接，并将光流箭头与飞控箭头指向进行重合放置。

（3）将电池仓连接杆和下板用黑色螺丝锁紧，完成安装。

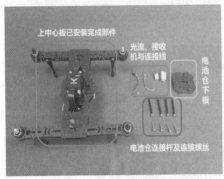

（a）　　　　　　　　　　　　　　　　　　　　（b）

（c）

图3-38　光流、接收机及电池仓安装流程图

7. 螺旋桨与飞控排线安装

以下为螺旋桨与飞控排序安装一般步骤，如图3-39所示。

（1）使用12 mm套筒按照对应旋转方向进行桨叶安装。

（2）将外侧排序拨开其余位置，再使用镊子钳住内侧排线插入安装，最后使用镊子将排线卡扣向下按压锁紧排线。

（3）将所有部件放置在合理位置。

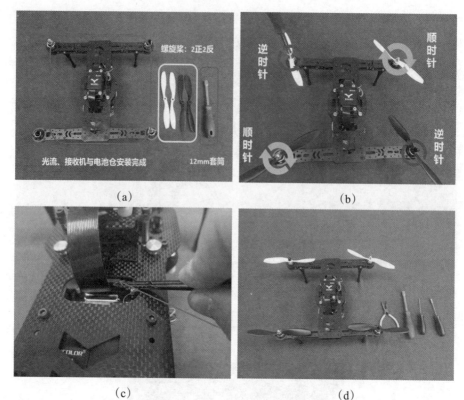

图3-39　螺旋桨与飞控排线安装流程图

3.2.2　H形无人机的整机调试

H形无人机的整机调试是一个确保无人机各系统协调工作、达到最佳飞行状态的过程。

1. 飞控连接及固件刷写

以下为飞控连接及固件刷写一般步骤，如图3-40所示。

（1）在不安装动力电池的前提下，将调参伸缩线与飞控调试接口连接、USB端口与电脑端口连接。

（2）使用mission planner选择初始设置并点击安装固件，等待获取完毕。

（3）点击加载自定义固件并选择E360-D固件打开。

（4）等待飞控指示灯由红色闪烁变为不闪烁并确认，则烧录完成。

图3-40 固件刷写完成页面

2. 参数刷写及修改

以下为参数刷写及修改一般步骤，如图3-41所示。

（1）选择配置调试，点击参数表，击角加载按钮。

（2）选择指定参数打开文件并确认。

（3）点击右下角搜索框，输入ESC并确认。

（4）点击断开连接，并将连接线取掉，则刷写及修改完成。

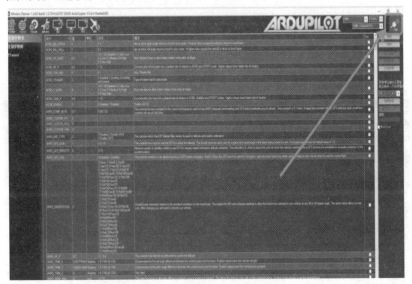

图3-41 参数刷写完成页面

3. 机架选择及加速度计校准

以下为机架选择及加速度计校准的一般步骤。

（1）选择初始设置，点击必要硬件。

（2）点击机架类型并选择H形。

（3）选择加速度校准，并按照要求放置无人机。

（4）点击校准水平，当红色闪烁变为不亮则点击完成，机架选择及加速度校准完成，如图3-42所示。

图3-42　加速度计校准完成页面

4. 指南针校准

以下为指南针校准一般步骤。

（1）选择指南针按图进行勾选。

（2）按照指示旋转无人机，最后将无人机整机水平放置原位置。

（3）校准完成点击确认，若数值为绿色，英文提示为success则校准质量良好，如图3-43所示。

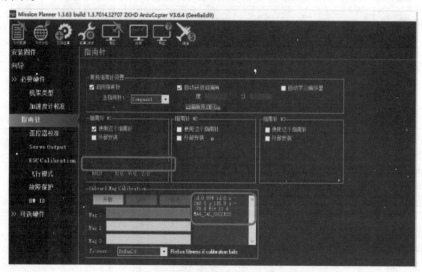

图3-43　指南针校准完成页面

5. 遥控器检查对码及校准

以下为遥控器检查对码及校准一般步骤。

（1）正确将电池与遥控器连接并正确放置并打开遥控器。

（2）长按接收机侧边按钮2～3秒，等待接收机指示灯由蓝紫相互闪烁变为蓝紫灯常亮，则遥控器与接收机对码完成。

（3）点击初始设置，选择遥控器校准，按照指示拨动摇杆和滑轮，当所有通道拨动完成时点击确认。

（4）弹出校准数据表，查看CH1-CH4数值为"1067-1931"并确认，则校准完成，如图3-44所示。

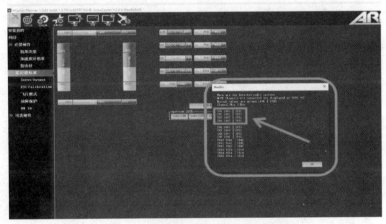

图3-44　遥控器对码及校准完成页面

6. 飞行模式及校准

以下为飞行模式及校准一般步骤。

（1）选择飞行模式并将金属摇杆拨到指定位置，完成后点击保存模式。

（2）点击complete写入，则飞行模式设置与校准完毕，如图3-45所示。

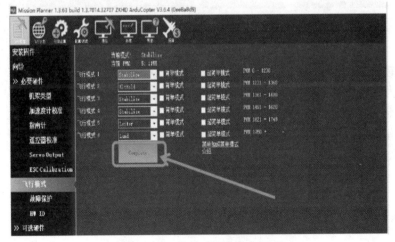

图3-45　飞行模式校准完成页面

7. 电调校准及转向确认

以下为电调校准及转向确认一般步骤，如图3-46所示。

（1）关闭电源开关并将电池魔术扎带拨成镂空状态，电池插头朝向机尾并放入镂空空中并扎紧。

（2）连接电池，并将遥控油门摇杆垂直推到最上方位置，同时将机头右侧开关打开，拨动到"ON"连串滴声完毕后，拉到最低位置，又一串滴声后缓慢推动油门。

（3）用手轻触依次检查电机转向。

（4）最后将油门拉至最低并关闭电源。

（a）

（b）

（c）

（d）

图3-46　电调校准及转向确认流程图

8. 解锁及加锁验证

以下为解锁与加锁验证一般步骤，如图4-47所示。

（1）水平放置无人机并打开电源。

（2）等飞控指示灯熄灭并听到滴-滴的响声，两个金属摇杆拨动到最上方位置。

（3）将遥控摇杆以内八形式推动，保持3～5秒等待电机转动为解锁。

（4）将遥控摇杆以外八形式推动，保持3～5秒等待电机停转为加锁。

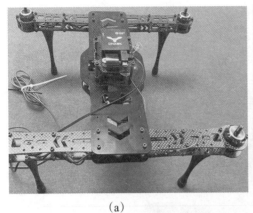
(a)

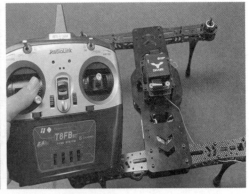
(b)

(c)

图 3-47　解锁及加锁流程图

3.2.3　H形无人机的飞行测试

H形无人机的飞行测试是一系列评估和验证无人机飞行性能的步骤，确保无人机在实际应用中能够安全、可靠地执行任务。

1. 整机测试飞行前检查

以下为整机测试飞行前检查一般步骤，如图3-48所示。

（1）正确安装螺旋桨并锁紧螺丝螺帽，正桨迎风面逆时针，反桨迎风面顺时针。

（2）用螺丝刀检查确认中心板、机臂板脚架等处螺丝螺帽锁紧，且电源开关处于关闭状态。

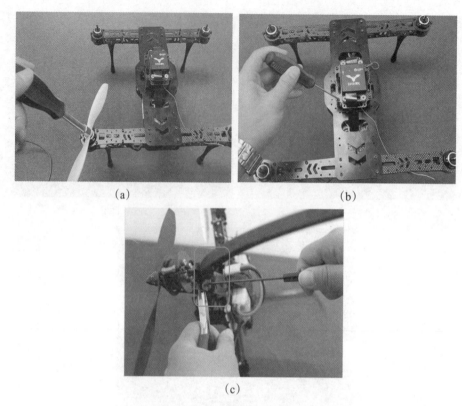

图3-48　整机测试飞行前检查

2. 多自由度测试无人机安装

以下为多自由度测试无人机安装一般步骤，如图3-49所示。

（1）使用尖嘴钳钳住多自由度螺丝从机臂中间孔位穿过，并将4个黑色长铝柱锁上，再用2.5 mm内六角螺丝刀彻底锁紧铝柱。

（2）将多自由度黑色碳板按照对应孔位安装，并用黑色螺丝帽将四个铝柱固定。

（3）取下多自由度挡板和360°旋转固定扣，并将无人机穿过固定轴并用360°旋转固定扣锁紧。

（4）水平放置需调试无人机并将多自由度挡板复位。

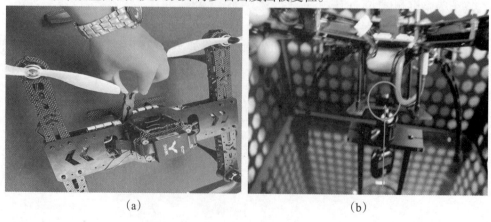

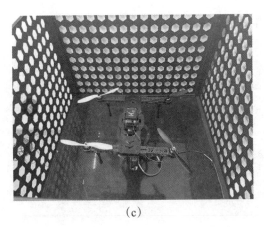

(c)

图3-49 多自由度测试无人机安装流程图

3. 多自由度测试台架整机飞行测试

以下为多自由度测试台架整机飞行测试一般步骤，如图3-50所示。

（1）在接收机对频完成后解锁，将油门摇杆从底部缓慢推至中位，再向上推动使无人机直接升起，再操控方向摇杆进行多自由度移动。

（2）操作完成后，进行加锁操作，并关闭电源。

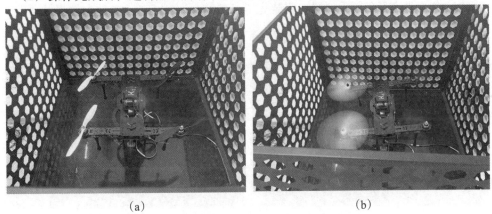

（a）　　　　　　　　　　　　　　（b）

图3-50 多自由度测试台架整机飞行测试流程图

3.3 Y形无人机

3.3.1 Y形无人机的整机组装

型无人机通常指的是具有Y形或三角形布局的多旋翼无人机，这种布局的无人机通常有三到六个旋翼，以Y形或三角形的方式排列。

1. 电机安装

以下为电机安装的一般步骤，如图3-51所示。

（1）使用M3螺丝刀顺时针拧动锁紧螺丝。

（2）将安装好的电机放置在合适位置。

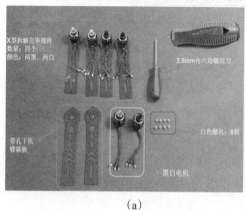
（a）

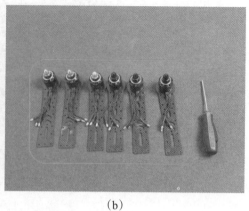
（b）

图3-51　电机安装流程图

2. 机臂与下中心板安装

以下为机臂与下中心板安装一般步骤，如图3-52所示。

（1）将电机三条连接线由上方穿过方形孔至下方。

（2）将机臂放置在下中心板上方，用6 mm套筒将红色铝柱与M3螺丝安装锁紧。

（3）将部件放置在合适位置，安装完毕。

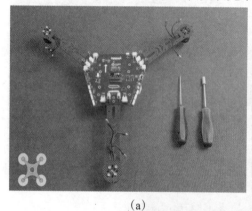
（a）

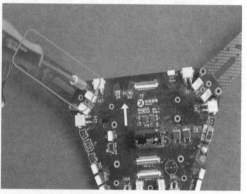
（b）

（c）

图3-52　机臂与下中心板安装流程图

2. 电调与电机连接

以下为电调与电机连接一般步骤，如图3-53所示。

（1）将白色电机与电调按从左到右顺序依次排列，并将电调线依次插入。

（2）将黑色电机的电调按从左到右顺序依次排列，将按顺序的电机与电调线左与左连接，其余两根线交叉连接。

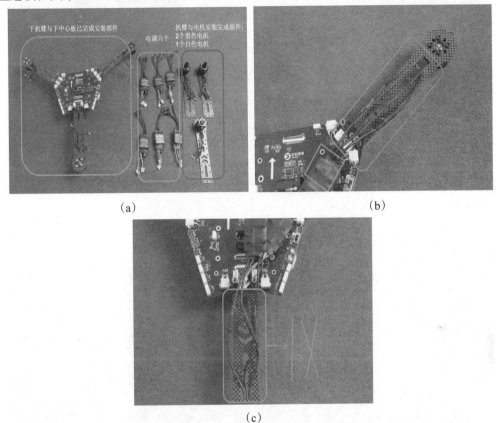

图 3-53　电调与电机连接流程图

3. 上下机臂连接铝柱安装

以下为上下机臂连接铝柱安装一般步骤，如图3-54所示。

（1）使用2.5 mm内六角螺丝刀与6 mm套筒将铝柱与螺丝锁紧，其中两个红色铝柱安装在第三孔位。

（2）将设备放在指定位置，安装完毕。

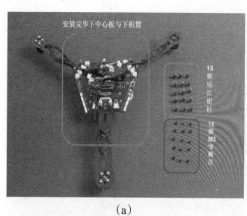
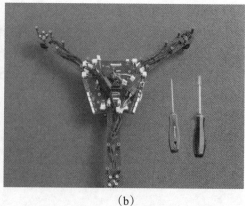

（a）　　　　　　　　　　　　（b）

图3-54　上下机臂连接铝柱安装流程图

4. 电调固定安装与放置

以下为电调固定安装与放置一般步骤，如图3-55所示。

（1）将下层电机与电调连接线摆放至对应端口一侧，并用魔术扎带固定电机与电调连接处。

（2）将机臂孔位与红色铝柱进行对应放置。

（3）安装完毕后放置在合理位置。

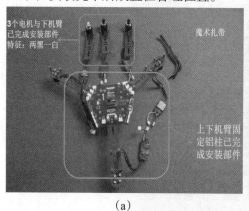
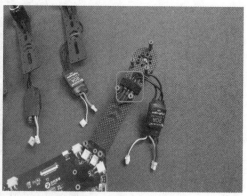

（a）　　　　　　　　　　　　（b）

（c）

图3-55　电调固定安装与放置流程图

5. 电调与下中心板固定安装及连接

以下为电调与下中心板固定安装及连接一般步骤，如图3-56所示。

（1）使用M2.5内六角螺丝刀将上机臂与红色铝柱锁紧。

（2）将电调电源线与电源信号线插入对应端口并使用魔术扎带将电调放置两侧位置进行合理固定。

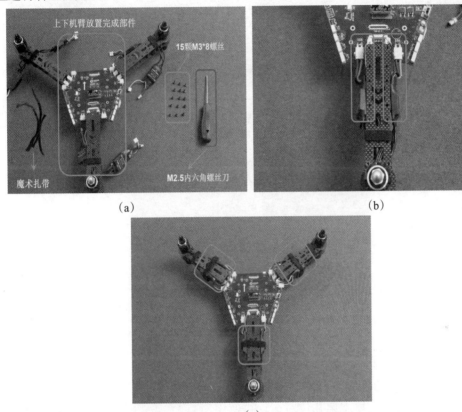

图 3-56　电调与下中心板固定安装及连接流程图

6. 飞控拆解与排线安装

以下为飞控插接与排线安装一般步骤，如图3-57所示。

（1）将飞控与减震板粘贴处分离并使用螺丝刀拧松螺丝。

（2）使用镊子将排线卡扣向上拨动打开并取出所有排线。

（3）将排线插入白色芯片处，与下方排线卡扣进行插入。

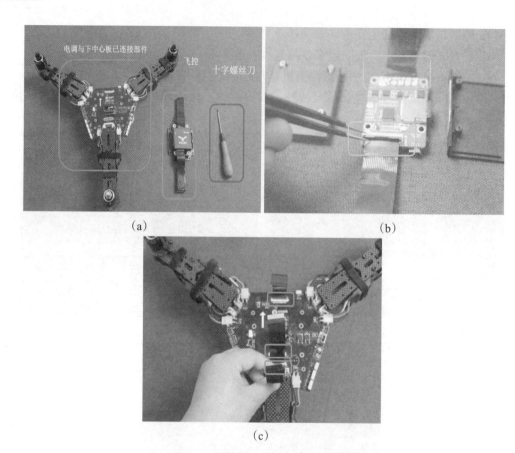

图3-57　飞控拆解与排线安装流程图

7. 飞控支架及上中心板安装

以下为飞控支架及上中心板安装一般步骤，如图3-58所示。

（1）将中心板与飞控支架孔位对应，再使用M3内六角螺丝刀将黑色螺丝与铝柱锁紧。

（2）将上中心板与机臂孔位对应，并使用M3内六角螺丝刀将黑色螺丝和铝柱锁紧。

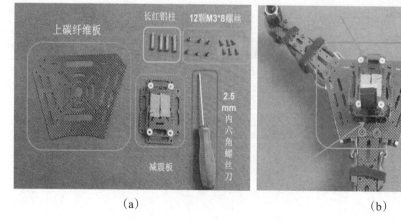

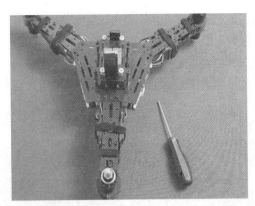

图3-58 飞控支架及上中心板安装流程图

8.飞控安装

以下为飞控安装一般步骤，如图3-59所示。

（1）将飞控排线插入对应位置并将飞控上下盒复位放置。

（2）使用螺丝刀将飞控盒上下进行固定锁紧。

（3）向外拽动若排线无明显松动则飞控安装结束。

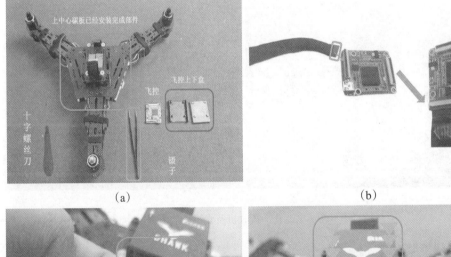

（a） （b）

（c） （d）

图3-59 飞控安装流程图

9. 电池仓、接收机及光流安装

以下为电池仓、接收机及光流安装一般步骤，如图3-60所示。

（1）将电池仓底座与螺丝对应锁紧。

（2）将3P连接线连接至下中心板含有接收机字样接口并将接收机模块、接收机线放置在合适位置。

（3）将光流放置在机头正前方位置。

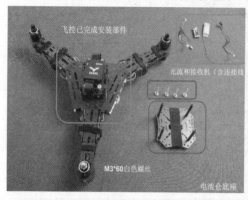

（a）

（b）

（c）　　　　　　　　　　　　　（d）

图3-60　电池仓、接收机及光流安装流程图

10. 螺旋桨安装

以下为螺旋桨安装一般步骤，如图3-61所示。

（1）将两个白色反桨安装在上层机头位置，一个黑色正桨安装在下层机尾位置。

（2）将两个白色正桨安装在下层机头位置。

（3）安装完成，进行合理放置。

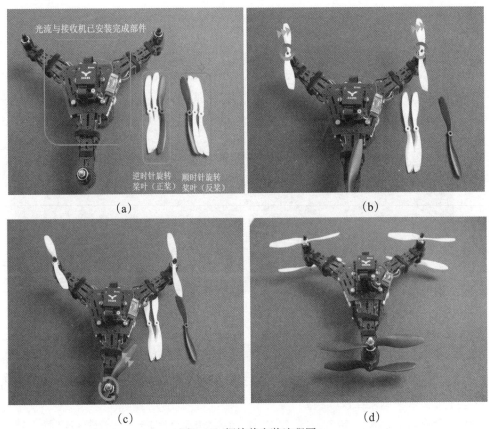

图 3-61 螺旋桨安装流程图

3.3.2 Y 形无人机的整机调试

Y 形无人机的整机调试是指对无人机的各个系统和组件进行细致的检查、配置和优化，以确保无人机在飞行时能够达到最佳的性能和稳定性。

1. 固件刷写及飞控连接

以下为固件刷写及飞控连接一般步骤。

（1）在不安装动力电池的前提下，将调参伸缩线与飞控调试接口连接、USB 端口与电脑端口连接。

（2）使用 mission planner 选择初始设置并点击安装固件，等待获取完毕。

（3）点击加载自定义固件并选择 E360-D 固件打开。

（4）等待飞控指示灯由红色闪烁变为不闪烁并确认，则刷写完成，如图 3-62 所示。

图3-62　固件刷写完成页面

2. 飞控与调试软件连接

以下为飞控与软件连接一般步骤。

（1）在电脑设备管理器查看端口COM，点击右上角COM口并选择波特率，点击连接，等待参数获取则连接成功。

（2）查看飞行数据，若数值变化范围在0.2～0.5范围内，飞控则与电脑连接完成，如图3-63所示。

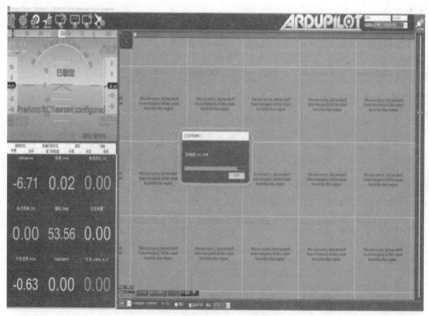

图3-63　飞控连接完成页面

3. 机架选择及加速度校准

以下为机架选择及加速度校准一般步骤。

（1）选择初始设置，点击必要硬件。

（2）点击机架类型并选择Y形。

（3）选择加速度校准，并按照要求放置无人机。

（4）点击校准水平，当红色闪烁变为不亮则点击完成，机架选择及加速度校准完成，如图3-64所示。

图3-64　加速度计校准完成页面

4. 指南针校准

以下为指南针校准一般步骤。

（1）选择指南针按图进行勾选。

（2）按照指示旋转无人机，最后将无人机整机水平放置在原位置。

（3）校准完成点击确认，若数值为绿色，英文提示为success则校准质量良好，如图3-65所示。

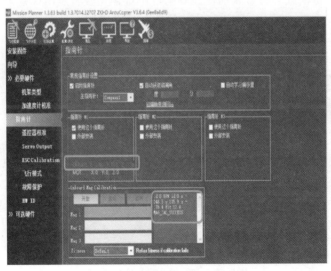

图3-65　指南针校准完成页面

5. 遥控器检查对码及校准

以下为遥控器检查对码及校准一般步骤。

（1）正确将电池与遥控器连接并正确放置并打开遥控器。

（2）长按接收机侧边按钮2～3秒，等待接收机指示灯由蓝紫相互闪烁变为蓝紫灯常亮，则遥控器与接收机对码完成。

（3）点击初始设置，选择遥控器校准，按照指示拨动摇杆和滑轮，当所有通道拨动完成时点击确认。

（4）弹出校准数据表，查看CH1-CH4数值为"1067-1931"并确认，则校准完成，如图3-66所示。

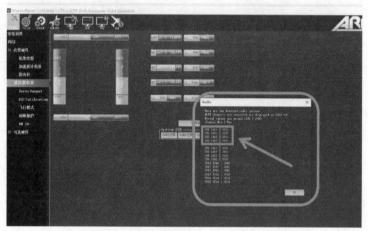

图3-66　遥控器对码及校准完成页面

6. 飞行模式设置

以下为飞行模式及设置一般步骤。

（1）选择飞行模式并将金属摇杆拨到指定位置，完成后点击保存模式。

（2）点击complete写入，则飞行模式设置与校准完毕，如图3-67所示。

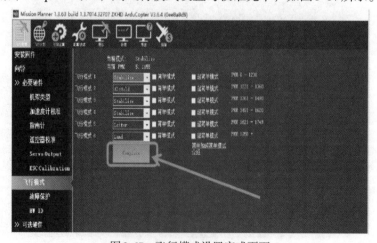

图3-67　飞行模式设置完成页面

7. 参数刷写及修改

以下为参数刷写与修改一般步骤。

（1）选择配置调试，点击参数表，击角加载按钮。

（2）选择指定参数打开文件并确认。

（3）点击右下角搜索框，输入ESC并确认。

（4）点击断开连接，并将连接线取掉，则刷写及修改完成，如图3-68所示。

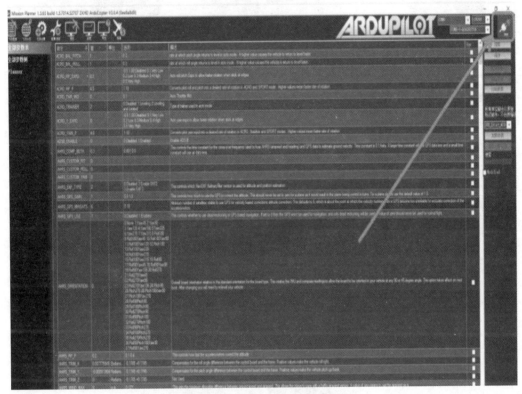

图3-68　参数刷写及修改完成页面

8. 电调校准及电机转向确认

以下为电调校准及电机转向确认一般步骤，如图3-69所示。

（1）关闭电源开关并将电池魔术扎带拨成镂空状态，电池插头朝向机尾并放入镂空空中并扎紧。

（2）连接电池，并将遥控油门摇杆垂直推到最上方位置，同时将机头右侧开关打开，拨动到"ON"连串滴声完毕后，拉到最低位置，又一串滴声后缓慢推动油门。

（3）用手轻触依次检查电机转向。

（4）最后将油门拉至最低并关闭电源。

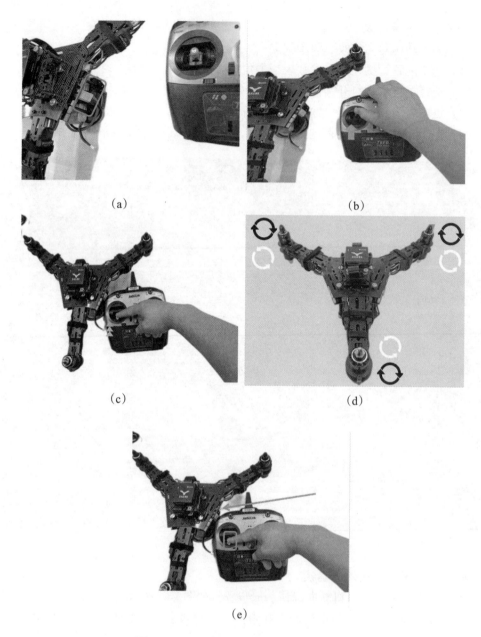

(a)

(b)

(c)

(d)

(e)

图3-69　电调校准及电机转向确认流程图

9. 解锁与加锁验证

以下为解锁与加锁验证一般步骤。

（1）水平放置无人机并打开电源。

（2）等飞控指示灯熄灭并听到滴-滴的响声，将两个金属摇杆拨动到最上方位置。

（3）将遥控摇杆以内八形式推动，保持3～5秒等待电机转动为解锁。

（4）将遥控摇杆以外八形式推动，保持3～5秒等待电机停转为加锁。

3.3.3　Y形无人机的飞行测试

Y形无人机的飞行测试是一个关键步骤，用于验证无人机在实际飞行中的表现是否符合设计和性能要求。

1. 整机测试飞行前检查

以下为整机测试飞行前检查一般步骤，如图3-70所示。

（1）正确安装螺旋桨并锁紧螺丝螺帽，正桨迎风面逆时针，反桨迎风面顺时针。

（2）用螺丝刀检查确认中心板、机臂板脚架等处螺丝螺帽锁紧，且电源开关处于关闭状态。

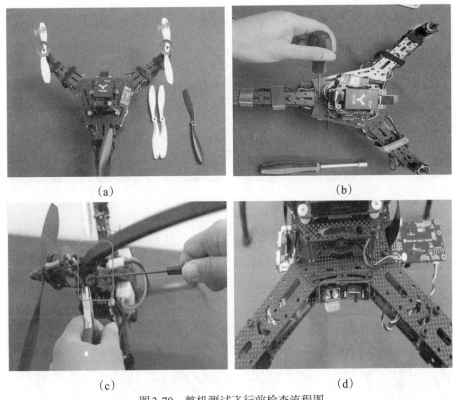

图3-70　整机测试飞行前检查流程图

2. 多自由度测试无人机安装

以下为多自由度测试无人机安装一般步骤，如图3-71所示。

（1）使用尖嘴钳钳住多自由度螺丝从机臂中间孔位穿过，并将4个黑色长铝柱锁上，再用2.5 mm内六角螺丝刀彻底锁紧铝柱。

（2）将多自由度黑色碳板按照对应孔位安装，并用黑色螺丝帽将四个铝柱固定。

（3）取下多自由度挡板和360°旋转固定扣，并将无人机穿过固定轴并用360°旋转固定扣锁紧。

（4）水平放置需调试无人机并将多自由度挡板复位。

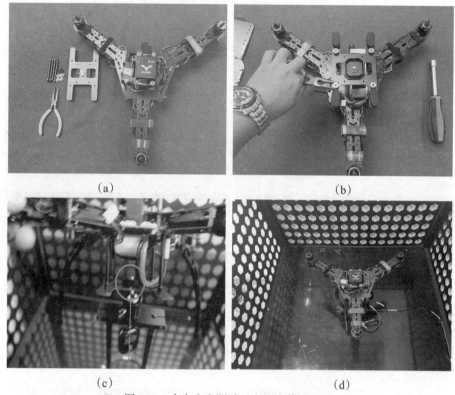

图3-71　多自由度测试无人机安装流程图

3. 多自由度测试台架整机飞行测试

以下为多自由度测试台架整机飞行测试一般步骤，如图3-72所示。

（1）在接收机对频完成后解锁，将油门摇杆从底部缓慢推至中位，再向上推动使无人机直接升起，再操控方向摇杆进行多自由度移动。

（2）操作完成后，进行加锁操作，并关闭电源。

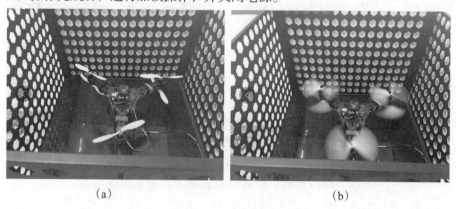

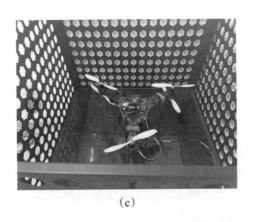

(c)

图 3-72　多自由度测试台架整机飞行测试流程图

3.4　传输链路及地面站配置

3.4.1　数传配置

数传配置，即数据传输配置，是指在无人机系统中设置和优化数据传输链路的过程。

1. 数传的使用

进行数传系统安装与调试时，一般包括以下步骤。

（1）包装与天线安装：取出所有组件，特别注意天线的安装。所有天线均可随意拧紧，无须区分。

（2）数传线连接：数传线共有两根，一根为主用，一根为备用。主用线应连接至无人机，备用线可暂时收起，以备其他场景使用。

（3）宽平线安装：识别宽平线（标识为1236），将其正确安装至无人机。注意机头和机尾的方向，确保正确安装。

（4）GPS与数传接口连接：将宽平线连接至无人机的尾部，并连接GPS接口。确保数传设备正确连接，无须区分天空端和地面端。

（5）数传设备连接：通过USB线将数传设备连接至电脑的USB接口。确保连接稳固，等待电脑提示音确认连接成功。

（6）数传与图传配对：在首次使用时，数传和图传需要配对。断开其中一个数传电源，长按黑色按钮直至灯变为红色闪烁，然后接上电源，实现配对。

（7）地面站连接：使用mission planner地面站软件连接无人机。选择正确的串口和波特率，点击连接，等待参数读取完成。

（8）参数获取与反馈：通过地面站软件获取无人机飞控数据，确保数据回传正常。移动无人机，检查反馈数据是否准确。

2. 使用mission planner地面站连接飞控

连接飞控存在多种连接方式，主要包括以下几种。

（1）USB直接连接飞控：地面站选择飞控COM口后连接与波特率无关。

（2）数传连接：普通常见数传通过USB连接，数传地面端内置USB转串口芯片；地面站选择特定端口号，波特率通常为57 600。

（3）TCP连接：部分网络使用TCP串口设备，但CUAV暂时无TCP串口设备

（4）UDP连接方式：PW-LINK和WTRLINK采用此种通讯方式。

3. 数传波特率设置及测试

（1）数传波特率设置：数传设备默认波特率为57 600。若连接不稳定，可通过Type-C数据线连接至电脑，使用测试工具读取并设置波特率。

（2）波特率测试与保存：使用测试工具连接数传设备，选择57 600波特率，点击保存配置。重新连接，确保设置成功。

（3）更改飞控波特率：使用数据线连接飞控和地面站找到全部参数表，并找到数传和飞控连接的串口，输入serial4_baud，改为57将飞控和数传的波特率修改一致，写入参数Mavlink1。这是一个无人机与其他设备交互的协议，目前存在2个版本，mavlink1和mavlink2。将参数改成1，因为只有为1才能被地面站识别，如图3-73所示。

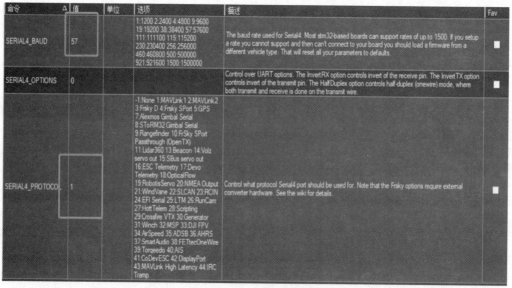

图3-73　波特率设置页面

4. 数传串口助手收发数据

使用串口助手检测数传通路。连接数传设备至电脑，打开串口助手，发送和接收数据，确保数传设备互相通信正常。

3.4.2　图传配置

图传系统是无人机进行实时图像传输的关键组件，以下是图传系统安装与调试的详细步骤。

1. 主要配件介绍

图传系统包括四个主要配件：摄像头、支架、接收端（地面端），以及天空端的发射装置。

2. 接收端与发射端安装

接收端需要连接Type-C转Micro USB转换器，同时安装天线，天线安装至接收端和发射端。

3. 摄像头安装

使用M2.5螺丝和螺帽将摄像头固定在支架上，确保摄像头稳定安装。

4. 接线方式

确保天空端图传装置接上天线，并正确连接4PIN线，注意正负极。

摄像头的供电接口应连接红正黑负，通常从光流供电口取电。

5. 数据传输

摄像头的数据通过数据线传输至天空端图传装置，再由图传装置发送至地面端接收装置。

6. 地面站连接

使用USB线将图传接收端连接至电脑，并通过地面站软件（如mission planner）进行操作。

7. 视频设备配置

在地面站软件中选择正确的视频设备，确保图传摄像头被正确识别。

8. 图像回传测试

启动图传接收端，图像应显示在地面站的相应面板上。

9. 信号对频

如果图传信号没有正确连接，长按地面端的USB接口，设备将自动搜索频道以对频。

10. 结束会话

完成图像回传测试后，点击停止，地面站将恢复显示无人机姿态数据。

3.4.3　光流配置

在无人机地面站主页，我们可以通过数据闪存日志功能下载并分析飞行日志并进行光流配置。

1. 日志下载

在地面站主页找到并点击"数据闪存日志"，选择最新的日志文件进行下载。这个文件记录了最后一次飞行的解锁和加锁过程。

2. 日志回顾

下载完成后，点击"回顾日志"。日志文件通常保存在默认文件夹中，可以通过寻找以"HX"开头的文件名来识别。

3. 日志分析

打开日志文件，在右侧列表中找到"of"，这代表光流数据。特别关注"flow.x 和 body.x"，它显示了光流的期望值和实际值。

4. 光流曲线检查

通过鼠标滚轮放大查看光流曲线。如果发现红色线（期望值）和绿色线（实际值）方向相反，这表明光流方向与飞控方向相反。

5. 参数调整

如果光流方向不一致，需要调整参数。找到光流整定文件，将相关参数复制粘贴到全部参数表中。例如，如果光流方向完全相反，将参数修改为18 000并写入。

6. 重新测试

调整参数后，重新进行飞行测试，然后再次下载并回顾最新的日志文件，检查调整效果。

7. 定点飞行验证

分析新的日志，检查光流数据的趋势是否一致。如果方向一致，则说明定点飞行功能已改善。

8. 进一步优化

如果发现"flow x"高于"body x"，需要进一步调整参数以优化性能。在地面站的参数搜索中找到并修改相应的参数值。

9. 参数细化

为了提高光流的精准度，可以调整"OPT"参数块，包括"OPTY"或与光流相关的参数。参数值越小，表示数据精准度越高。

10. 光流质量评估

光流质量参数范围是0到255，数值越大表示光流效果越好。值为0时，光流无效。

11. 参数应用

如果使用的是标准参数，需要在初始设置中调整机架类型，并根据无人机的具体机型修改光流方向。

3.4.4　Pix飞控的安装与飞行

1. 飞控安装步骤

（1）首先，我们需要四根电桥延长线，用于延长飞控板上的连接端口。

（2）再将电调原本连接至飞控板的端口，改接到延长线上。找到飞控板的电源连接点，通常是PIX接口，并注意防止电源线被盗。

（3）接收机的接线包括信号线和电源线。信号线一般以白色表示，红线为正极，黑线为负极。根据飞控的电机顺序定义，我们采用逆时针和顺时针交替的顺序连接电机。电机标号为1至4，对角线电机为1、3、2、4。

（4）将所有接线整理并固定，避免干扰和损坏。完成接线后，安装飞控板。

2. 实际飞行操作

（1）首先打开遥控器和飞机电源。飞控板指示灯快速闪烁后，发出滴声表示解锁，变为蓝色表示可以正常飞行。

（2）将遥控器的所有控制杆设置在最上方，这是姿态模式。中间位置为定高模式，下方也是定高模式。根据需要切换不同的飞行模式，包括姿态模式、定高模式和自动降落模式。

（3）设置通道7电机紧急停止功能，以应对失控情况，保障飞行安全。然后进行演示起飞、控制高度、切换飞行模式和紧急停止操作。在飞行过程中，始终保持对飞机的控制，并且在飞机完全停止后才能靠近。

3.4.5 日志分析

1. 飞行日志下载

（1）启动地面站软件，并将飞控系统连接到地面站。选择正确的端口（COM）和波特率，然后点击"连接"。

（2）在状态窗口中找到并点击"数据闪存日志"。

2. 日志查看方法

尽管APM和PIX最新固件不支持终端功能，我们仍可通过飞行数据页面的数据闪存日志项查看日志。对于PIX飞控，也可以通过取出内存卡并使用读卡器在电脑上查看。

（1）打开地面站，默认显示的是飞行数据页面。选择合适的COM端口，连接飞控，点击页面翻页键，找到"数据闪存日志"项。

（2）点击"通过mavlink下载闪存日志"，弹出日志下载页面。在日志明细中通过日期找到需要分析的日志编号，选择并下载。

（3）下载完成后，关闭下载窗口，点击"回顾日志"，弹出文件选择框。打开相应的文件夹和文件，正式打开日志查看器。

3. 日志内容分析

（1）ATT（姿态信息）：分析目标姿态角度与实际姿态角度，理想情况下，两者的曲线应尽量重合。

（2）BARo（气压计日志）：检查气压计数据，评估飞行高度的测量准确性。

（3）CTUN（油门和高度信息）：观察飞手的油门输入与实际输出，以及声纳和气压计测得的高度信息。

（4）CURR（电压电流日志）：分析电池电压和电流输出，评估电池性能。

（5）GPS（卫星定位导航信息）：检查GPS定位状态、使用卫星数量、测量精度等。

（6）IMU（加速度计和陀螺仪信息）：观察加速度计和陀螺仪的原始数据，评估震动情况。X、Y轴建议不超过±1，Z轴不超过±10。

（7）RC IN（遥控器接收机信息）：分析飞控接收到的遥控器信号值，确保信号接收正常。

（8）RC OUT（电机电调输出PWM值）：检查飞控对各电机的输出，评估飞机重心和电机水平。

（9）罗盘信息：分析主罗盘和冗余罗盘的数据，确保偏差在合理范围内，曲线方向一致。

（10）ERR（错误信息）：列出子系统及错误代码，分析可能的问题点。

第4章 无人机模拟飞行训练

无人机模拟飞行训练系统有多种，本章使用中科浩电无人机专业教学仿真系统来讲解如何进行无人机模拟飞行训练。

4.1 仿真系统安装与使用

4.1.1 如何安装仿真系统

（1）双击打开我的电脑；

（2）双击进入D盘；

（3）新建文件夹并重命名为【无人机专业教学仿真系统】；

（4）打开U盘连接到电脑，如图4-1所示；

图4-1　U盘连接到电脑

（5）把U盘中的压缩包复制到刚才的文件夹，如图4-2所示；

图4-2　压缩包复制

（6）拔出U盘，右击解压D盘中刚拷贝好的压缩包，如图4-3所示；

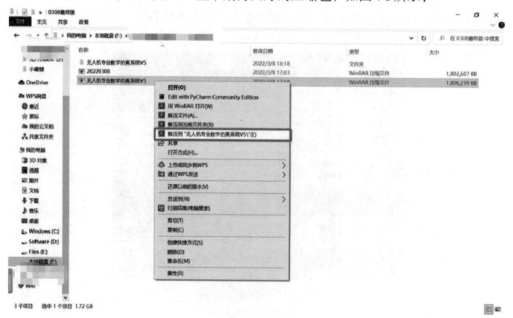

图4-3　压缩包解压

（7）双击打开文件夹，找到该应用程序就表示安装成功，如图4-4所示；

图4-4　安装成功

4.1.2　怎么使用仿真系统

（1）遥控器开关关闭，右下角选择G3-G7模式，如图4-5所示；

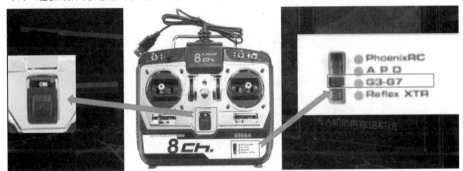

图4-5　遥控器模式

（2）遥控器USB连接到电脑，如图4-6所示；

图4-6　USB连接

（3）打开遥控器开关，红灯闪烁为正常，如图4-7所示；

图4-7　打开遥控器开关

（4）电脑联网；

（5）双击打开软件系统，如图4-8所示；

图4-8　打开软件系统

首次登陆，需输入序列号进行验证，输入遥控器上15位序列号，点击激活。每个序列号智能绑定一台电脑，如图4-9所示；

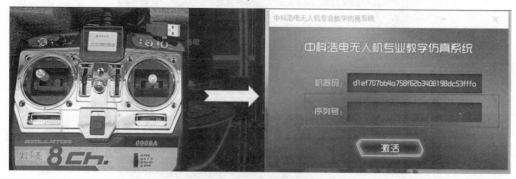

图4-9　输入序列号

（6）激活成功后会正式进入系统，如图4-10所示；

图4-10 进入系统

4.1.3 怎么登录和完善信息

（1）点击注册，如图4-11所示；

图4-11 注册

（2）注册完成，输入返回登录页登录，如图4-12所示；

图4-12 登录

（3）登录成功，如图4-13所示。

图4-13　登录成功

（4）进入仿真系统完善个人信息。

a.选择考培系统，如图4-14所示。

图4-14　选择考培系统

b.选择绿茵草地，如图4-15所示。

图4-15　选择绿茵草地

c. 选择视距内驾驶员，如图4-16所示。

图4-16　选择视距内驾驶员

d. 选择遥控器模式（美国手）。

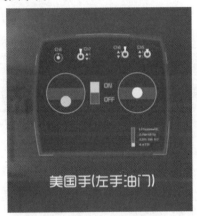

图4-17　选择美国手

注：飞行遥控器的"美国手""日本手""中国手"是指不同的操作模式，具体会议如下。

美国手：遥控器的左摇杆控制无人机的升降和旋转，右摇杆控制前后移动和平移。早期美国航模玩家多采用这种模式，因此被称为"美国手"，如图4-18所示。

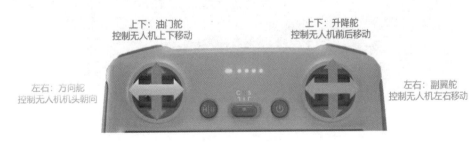

图4-18　"美国手"模式

日本手：与美国手相比，只是将控制无人机升降与前进后退进行了对调，即左摇杆控制无人机前进后退和旋转，右摇杆控制无人机升降和左右移动，如图4-19所示。

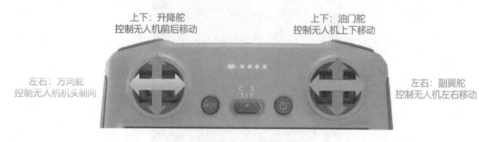

上下：升降舵
控制无人机前后移动

上下：油门舵
控制无人机上下移动

左右：方向舵
控制无人机机头朝向

左右：副翼舵
控制无人机左右移动

图4-19　"日本手"模式

中国手：也称为"反美国手"，左摇杆控制无人机前后左右飞行，右摇杆控制无人机的升降和旋转，如图4-20所示。

上下：升降舵
控制无人机前后移动

上下：油门舵
控制无人机上下移动

左右：副翼舵
控制无人机左右移动

左右：方向舵
控制无人机机头朝向

图4-20　"中国手"模式

e. 选择个人中心，如图4-21所示。

图4-21　选择个人中心

f. 选择资料信息，如图4-22所示。

图4-22　选择资料信息

g. 填写自己的姓名和学号并确认保存，如图4-23所示。

图4-23　填写信息

4.1.4　如何查看个人能力图

（1）进入智慧教学平台，如图4-24所示。

图4-24　进入智慧教学平台

（2）同步个人信息，如图4-25所示。

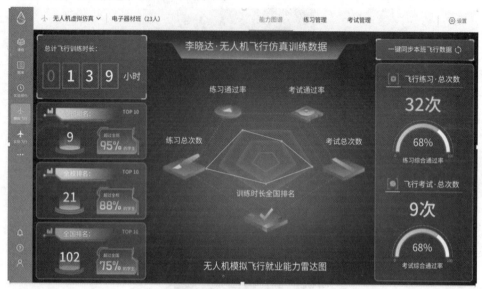

图4-25　同步个人信息

同步完成后可以查看个人的累计飞行时长、全班排名、全校排名、全国排名、个人练习总次数、练习综合通过率、飞行考试总次数、考试综合通过率、个人模拟飞行能力雷达图等。

4.2　掌握【单通道】仅副翼悬停操控

4.2.1　测试

（1）测试1，如图4-26所示。

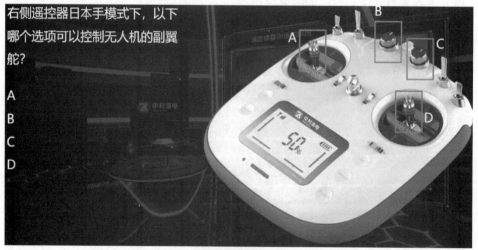

图4-26　测试1

答案：D。

（2）测试2，如图4-27所示。

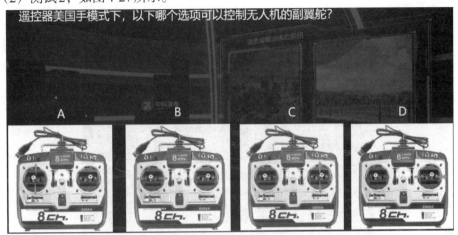

图4-27　测试2

答案：D。

（3）测试3，如图4-28所示。

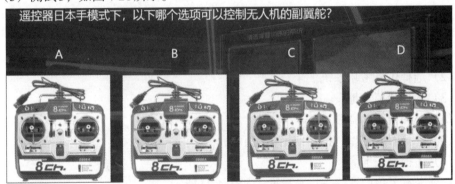

图4-28　测试3

答案：D。

（4）测试4，如图4-29所示。

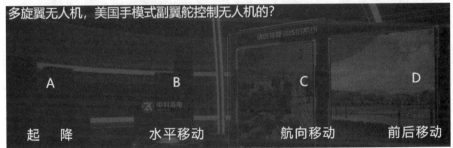

图4-29　测试4

答案：B。

4.2.2 任务目标

（1）技能目标：掌握【单通道】仅副翼悬停操控。

（2）实现方式：完成默认阈值下0～4级风的仅副翼四方位悬停练习，如图4-30所示。

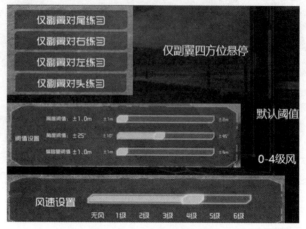

图4-30　四方位悬停练习

4.2.3 任务准备

（1）遥控器USB连接到电脑，打开遥控器开关，红灯闪烁为正常。

（2）选择仿真考培系统。

（3）选择绿茵草地。

（4）选择视距内驾驶员。

（5）选择对应手型，推荐使用美国手。

（6）遥控器校准。

a. 点击右上角设置——重新校准，如图4-31所示。

图4-31　遥控器校准1

b. 点击重新开始，如图4-32所示。

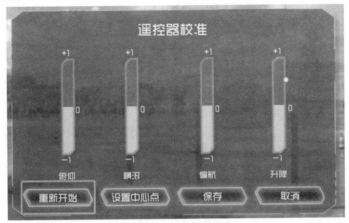

图4-32 遥控器校准2

c. 遥控器各个摇杆拨到最大值进行校准，如图4-33所示。

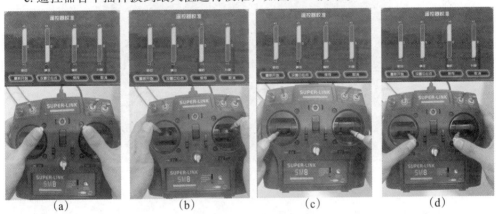

(a)　　　　　　　(b)　　　　　　　(c)　　　　　　　(d)

图4-33 遥控器校准3

d. 校准完成后的界面如图4-40所示，各个摇杆均已居中。

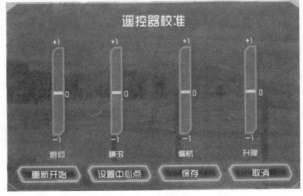

图4-34 遥控器校准4

e. 点击设置中心点，如图4-35所示。

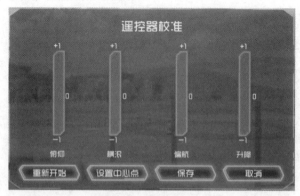

图4-35　遥控器校准5

f. 完成设置并保存，如图4-36所示。

图4-36　遥控器校准6

4.2.4　进入练习模式

进入自旋练习模式，如图4-37所示。

图4-37　进入自旋练习模式

（1）难度设置：关卡1~4选择标准阈值，0级风。

a. 点击阈值调节，如图4-38所示。

图4-38　阈值调节

b. 还原默认值，保存并退出，如图4-39所示。

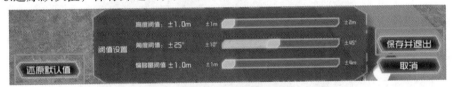

图4-39　还原默认值

c. 点击风速调节，如图4-40所示。

图4-40　风速调节

d. 选择无风，保存并退出，如图4-41所示。

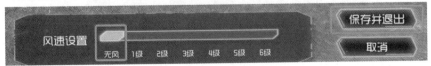

图4-41　选择无风

（2）规则说明。

a. 用遥控器控制无人机的副翼舵，如图 4-42 所示。

图 4-42　遥控器控制

b. 3 分钟倒计时让无人机偏移量保持在 1 m 以内，如图 4-43 所示。

图 4-43　规则

1. 关卡 1：[0 级风] 完成仅副翼对尾练习

（1）选择仅副翼对尾练习，如图 4-44 所示。

图 4-44　选择练习

（2）控制无人机的副翼舵，完成3分钟仅副翼对尾练习悬停训练，如图4-45所示。

图4-45 完成练习

2. 关卡2：[0级风]完成仅副翼对右练习

（1）选择仅副翼对右练习。

（2）控制无人机的副翼舵，完成3分钟仅副翼对右练习悬停训练。

3. 关卡3：[0级风]完成仅副翼对左练习

（1）选择仅副翼对左练习。

（2）控制无人机的副翼舵，完成3分钟仅副翼对左练习悬停训练。

4. 关卡4：[0级风]完成仅副翼对头练习

（1）选择仅副翼对头练习。

（2）控制无人机的副翼舵，完成3分钟仅副翼对头练习悬停训练。

5.【难度设置】关卡5~8：标准阈值，1级风

（1）点击风速调节。

（2）选择1级风，保存并退出。

6. 关卡5：[1级风]完成仅副翼对尾练习

（1）选择仅副翼对尾练习。

（2）控制无人机的副翼舵，完成3分钟仅副翼对尾练习悬停训练。

7. 关卡6：[1级风]完成仅副翼对右练习

（1）选择仅副翼对右练习。

（2）控制无人机的副翼舵，完成3分钟仅副翼对右练习悬停训练。

8. 关卡7：[1级风]完成仅副翼对左练习

（1）选择仅副翼对左练习。

（2）控制无人机的副翼舵，完成3分钟仅副翼对左练习悬停训练。

9. 关卡8：[1级风]完成仅副翼对头练习

（1）选择仅副翼对头练习。

（2）控制无人机的副翼舵，完成3分钟仅副翼对头练习悬停训练。

10. 【难度设置】关卡9~12：标准阈值，2级风

（1）点击风速调节。

（2）选择2级风，保存并退出。

11. 关卡9：[2级风]完成仅副翼对尾练习

（1）选择仅副翼对尾练习。

（2）控制无人机的副翼舵，完成3分钟仅副翼对尾练习悬停训练。

12. 关卡10：[2级风]完成仅副翼对右练习

（1）选择仅副翼对右练习。

（2）控制无人机的副翼舵，完成3分钟仅副翼对右练习悬停训练。

13. 关卡11：[2级风]完成仅副翼对左练习

（1）选择仅副翼对左练习。

（2）控制无人机的副翼舵，完成3分钟仅副翼对左练习悬停训练。

14. 关卡12：[2级风]完成仅副翼对头练习。

（1）选择仅副翼对头练习。

（2）控制无人机的副翼舵，完成3分钟仅副翼对头练习悬停训练。

15. 【难度设置】关卡13~16：标准阈值，3级风

（1）点击风速调节。

（2）选择3级风，保存并退出。

16. 关卡13：[3级风]完成仅副翼对尾练习

（1）选择仅副翼对尾练习。

（2）控制无人机的副翼舵，完成3分钟仅副翼对尾练习悬停训练。

17. 关卡14：[3级风]完成仅副翼对右练习

（1）选择仅副翼对尾右练习。

（2）控制无人机的副翼舵，完成3分钟仅副翼对尾右练习悬停训练。

18. 关卡15：[3级风]完成仅副翼对左练习

（1）选择仅副翼对左练习。

（2）控制无人机的副翼舵，完成3分钟仅副翼对左练习悬停训练。

19. 关卡16：[3级风]完成仅副翼对头练习

（1）选择仅副翼对头练习。

（2）控制无人机的副翼舵，完成3分钟仅副翼对头练习悬停训练。

20. 【难度设置】关卡17~20：标准阈值，4级风

（1）点击风速调节。

（2）选择4级风，保存并退出。

21. 关卡17：[4级风]完成仅副翼对尾练习

（1）选择仅副翼对尾练习。

（2）控制无人机的副翼舵，完成3分钟仅副翼对尾练习悬停训练。

22. **关卡18：[4级风]完成仅副翼对右练习**

（1）选择仅副翼对右练习。

（2）控制无人机的副翼舵，完成3分钟仅副翼对右练习悬停训练。

23. **关卡19：[4级风]完成仅副翼对左练习**

（1）选择仅副翼对左练习。

（2）控制无人机的副翼舵，完成3分钟仅副翼对左练习悬停训练。

24. **关卡20：[4级风]完成仅副翼对头练习**

（1）选择仅副翼对头练习。

（2）控制无人机的副翼舵，完成3分钟仅副翼对头练习悬停训练。

4.3 掌握【单通道】仅升降舵悬停操控

4.3.1 测试

（1）测试1，如图4-46所示。

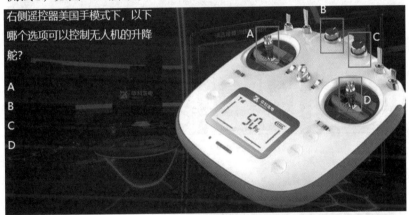

图4-46 测试1

答案：D。

（2）测试2，如图4-47所示。

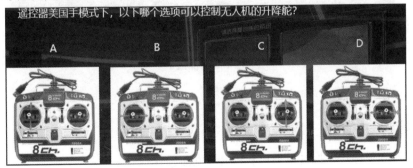

图4-47 测试2

答案：C。

（3）测试3，如图4-48所示。

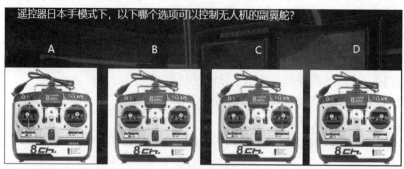

遥控器日本手模式下，以下哪个选项可以控制无人机的副翼舵?

图4-48 测试3

答案：D。

（4）测试4，如图4-49所示。

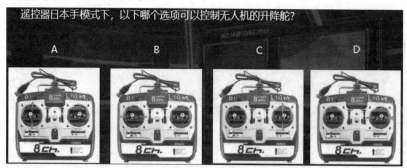

遥控器日本手模式下，以下哪个选项可以控制无人机的升降舵?

图4-49 测试4

答案：A。

（5）测试5，如图4-50所示。

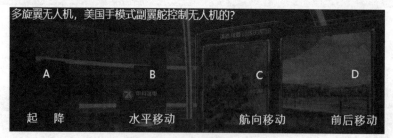

多旋翼无人机，美国手模式副翼舵控制无人机的?

A 起 降　　B 水平移动　　C 航向移动　　D 前后移动

图4-50 测试5

答案：B。

4.3.2 任务目标

（1）技能目标：掌握【单通道】仅升降舵悬停操控。

（2）实现方式：完成默认阈值下0-4级风的仅升降舵四方位悬停练习。

4.3.3　任务准备

（1）遥控器USB连接到电脑，打开遥控器开关，红灯闪烁为正常。

（2）选择仿真考培系统。

（3）选择绿茵草地。

（4）选择视距内驾驶员。

（5）选择对应手型，推荐使用美国手。

（6）遥控器校准。

a. 点击右上角设置——重新校准。

b. 点击重新开始。

c. 遥控器各个摇杆拨到最大值进行校准。

d. 校准完成后的界面如图4-40所示，各个摇杆均已居中。

e. 点击设置中心点。

f. 完成保存。

4.3.4　进入练习模式

1. 进入自旋练习模式

（1）难度设置：关卡1～4：标准阈值，0级风。

a. 点击阈值调节；

b. 还原默认值，保存并退出；

c. 点击风速调节；

d. 选择无风，保存并退出。

（2）规则说明。

a. 用遥控器控制无人机的升降舵，如图4-51所示。

图4-51　遥控器控制

b. 3分钟倒计时让无人机偏移量保持在1m以内，如图4-52所示。

图4-52　规则

2. 关卡1：[0级风]完成仅升降舵对尾练习

（1）选择仅升降舵对尾练习；

（2）控制无人机的升降舵，完成3分钟仅升降舵对尾练习悬停训练。

3. 关卡2：[0级风]完成仅升降舵对右练习

（1）选择仅升降舵对右练习；

（2）控制无人机的升降舵，完成3分钟仅升降舵对右练习悬停训练。

4. 关卡3：[0级风]完成仅升降舵对左练习

（1）选择仅升降舵对左练习；

（2）控制无人机的升降舵，完成3分钟仅升降舵对左练习悬停训练。

5. 关卡4：[0级风]完成仅升降舵对头练习

（1）选择仅升降舵对头练习；

（2）控制无人机的升降舵，完成3分钟仅升降舵对头练习悬停训练。

6.【难度设置】关卡5～8：标准阈值，1级风

（1）点击风速调节；

（2）选择1级风，保存并退出。

7. 关卡5：[1级风]完成仅升降舵对尾练习

（1）选择仅升降舵对尾练习；

（2）控制无人机的升降舵，完成3分钟仅升降舵对尾练习悬停训练。

8. 关卡6：[1级风]完成仅升降舵对右练习

（1）选择仅升降舵对右练习；

（2）控制无人机的升降舵，完成3分钟仅升降舵对右练习悬停训练。

9. 关卡7：[1级风]完成仅升降舵对左练习

（1）选择仅升降舵对左练习；

（2）控制无人机的升降舵，完成3分钟仅升降舵对左练习悬停训练。

10. **关卡8：[1级风]完成仅升降舵对头练习**

（1）选择仅升降舵对头练习；

（2）控制无人机的升降舵，完成3分钟仅升降舵对头练习悬停训练。

11. **【难度设置】关卡9～12：标准阈值，2级风**

（1）点击风速调节；

（2）选择2级风，保存并退出。

12. **关卡9：[2级风]完成仅升降舵对尾练习**

（1）选择仅升降舵对尾练习；

（2）控制无人机的升降舵，完成3分钟仅升降舵对尾练习悬停训练。

13. **关卡10：[2级风]完成仅升降舵对右练习**

（1）选择仅升降舵对右练习；

（2）控制无人机的升降舵，完成3分钟仅升降舵对右练习悬停训练。

14. **关卡11：[2级风]完成仅升降舵对左练习**

（1）选择仅升降舵对左练习；

（2）控制无人机的升降舵，完成3分钟仅升降舵对左练习悬停训练。

15. **关卡12：[2级风]完成仅升降舵对头练习**

（1）选择仅升降舵对头练习；

（2）控制无人机的升降舵，完成3分钟仅升降舵对头练习悬停训练。

16. **【难度设置】关卡13～16：标准阈值，3级风**

（1）点击风速调节；

（2）选择3级风，保存并退出。

17. **关卡13：[3级风]完成仅升降舵对尾练习**

（1）选择仅升降舵对尾练习；

（2）控制无人机的升降舵，完成3分钟仅升降舵对尾练习悬停训练。

18. **关卡14：[3级风]完成仅升降舵对右练习**

（1）选择仅升降舵对尾右练习；

（2）控制无人机的升降舵，完成3分钟仅升降舵对尾右练习悬停训练。

19. **关卡15：[3级风]完成仅升降舵对左练习**

（1）选择仅升降舵对左练习；

（2）控制无人机的升降舵，完成3分钟仅升降舵对左练习悬停训练。

20. **关卡16：[3级风]完成仅升降舵对头练习**

（1）选择仅升降舵对头练习；

（2）控制无人机的升降舵，完成3分钟仅升降舵对头练习悬停训练。

21. **【难度设置】关卡17～20：标准阈值，4级风**

（1）点击风速调节；

（2）选择4级风，保存并退出。

22. 关卡17：[4级风]完成仅升降舵对尾练习

（1）选择仅升降舵对尾练习；

（2）控制无人机的升降舵，完成3分钟仅升降舵对尾练习悬停训练。

23. 关卡18：[4级风]完成仅升降舵对右练习

（1）选择仅升降舵对右练习；

（2）控制无人机的升降舵，完成3分钟仅升降舵对右练习悬停训练。

24. 关卡19：[4级风]完成仅升降舵对左练习

（1）选择仅升降舵对左练习；

（2）控制无人机的升降舵，完成3分钟仅升降舵对左练习悬停训练。

25. 关卡20：[4级风]完成仅升降舵对头练习

（1）选择仅升降舵对头练习；

（2）控制无人机的升降舵，完成3分钟仅升降舵对头练习悬停训练。

26. 测试

（1）测试1，如图4-53所示。

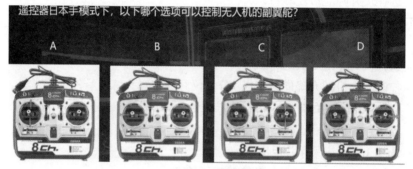

图4-53　测试1

答案：D。

（2）测试2，如图4-54所示。

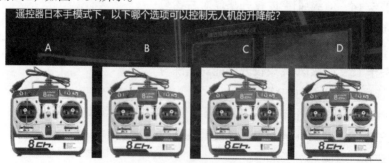

图4-54　测试2

答案：A。

（3）测试3，如图4-55所示。

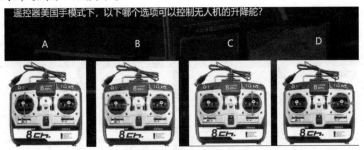

图 4-55　测试3

答案：C。

4.4　掌握【单通道】仅升降舵悬停操控

4.4.1　测试

（1）测试1，如图4-56所示。

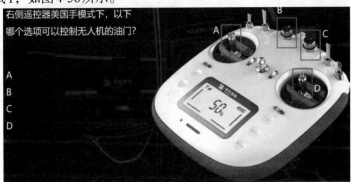

图 4-56　测试1

答案：A。

（2）测试2，如图4-57所示。

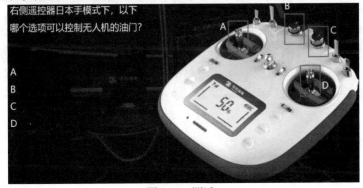

图 4-57　测试2

答案：D。

（3）测试3，如图4-58所示。

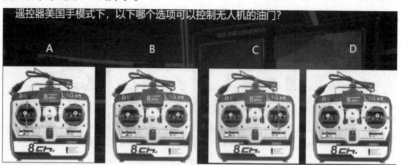

图4-58　测试3

答案：A。

（4）测试4，如图4-59所示。

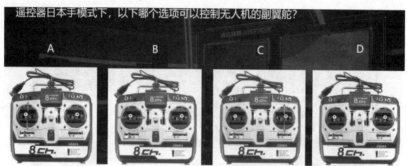

图4-59　测试4

答案：D。

（5）测试5，如图4-60所示。

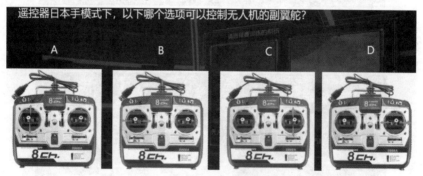

图4-60　测试5

答案：D。

（6）测试6，如图4-61所示。

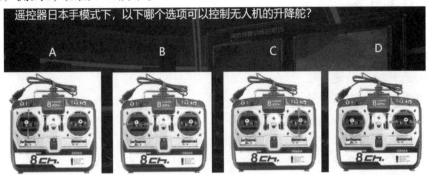

图4-61 测试6

答案：A。

（7）测试7，如图4-62所示。

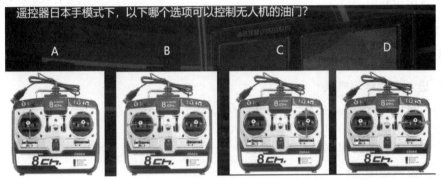

图4-62 测试7

答案：C。

（8）测试8，如图4-63所示。

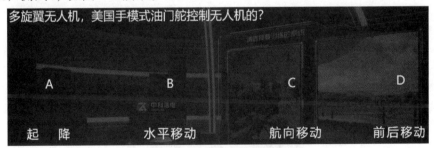

图4-63 测试8

答案：A。

4.4.2 任务目标

（1）技能目标：掌握【单通道】无人机的解锁和起飞。

（2）实现方式：完成默认阈值下0/4级风的仅油门对尾起降练习。

4.4.3 任务准备

（1）遥控器USB连接到电脑，打开遥控器开关，红灯闪烁为正常。

（2）选择仿真考培系统。

（3）选择绿茵草地。

（4）选择视距内驾驶员。

（5）选择对应手型，推荐使用美国手。

（6）遥控器校准。

a.点击右上角设置——重新校准。

b.点击重新开始。

c.遥控器各个摇杆拨到最大值进行校准。

d.校准完成后的界面如图4-40，各个摇杆均已居中。

e.点击设置中心点。

f.完成保存。

4.4.4 进入练习模式

1.进入自旋练习模式

（1）难度设置：关卡1：标准阈值，0级风。

a.点击阈值调节；

b.还原默认值，保存并退出；

c.点击风速调节；

d.选择无风，保存并退出。

（2）规则说明。

a.用遥控器控制无人机的油门，如图4-64所示。

图4-64　遥控器控制

b. 3分钟倒计时让无人机高度保持在1 m以内，如图4-65所示。

图4-65　规则

2. 关卡1：[0级风]完成仅油门对尾起降练习

（1）选择仅油门对尾起降练习。

（2）10秒内控制遥控器"内八"操作完成无人机解锁，如图4-66所示。

图4-66　控制遥控器"内八"操作

（3）仅控制油门完成3分钟对尾悬停。

3.【难度设置】关卡2：标准阈值，4级风

（1）点击风速调节；

（2）选择4级风，保存并退出。

4. 关卡2：[4级风]完成仅油门对尾起降练习

（1）选择仅油门对尾起降练习；

（2）10秒内控制遥控器"内八"操作完成无人机解锁；

（3）仅控制油门完成3分钟对尾悬停。

5. 测试

（1）测试1，如图4-67所示。

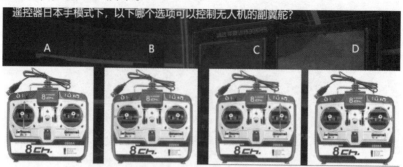

图4-67　测试1

答案：D。

（2）测试2，如图4-68所示。

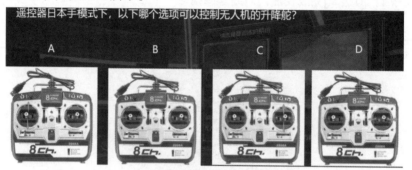

图4-68　测试2

答案：A。

（3）测试3，如图4-69所示。

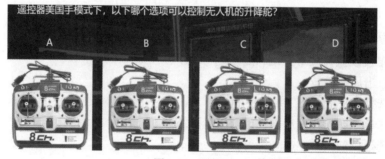

图4-69　测试3

答案：C。

（4）测试4，如图4-70所示。

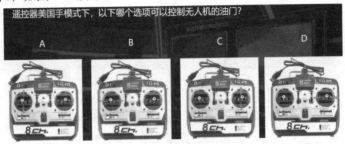

图4-70 测试4

答案：A。

4.5 掌握【双通道】升降舵+副翼的八面悬停操控

4.5.1 测试

（1）测试1，如图4-71所示。

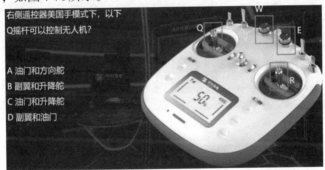

图4-71 测试1

答案：A。

（2）测试2，如图4-72所示。

图4-72 测试2

答案：C。

（3）测试3，如图4-73所示。

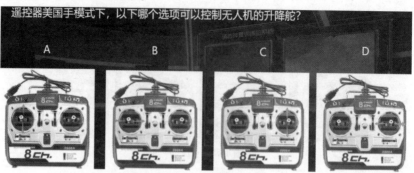

图4-73　测试3

答案：C。

（4）测试4，如图4-74所示。

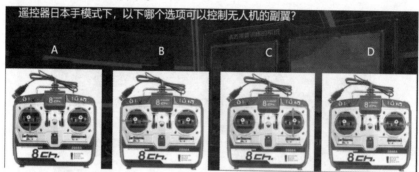

图4-74　测试4

答案：D。

（5）测试5，如图4-75所示。

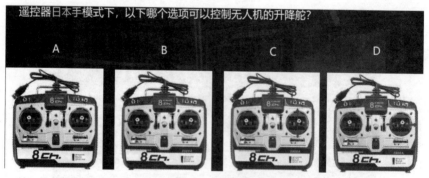

图4-75　测试5

答案：A。

（6）测试6，如图4-76所示。

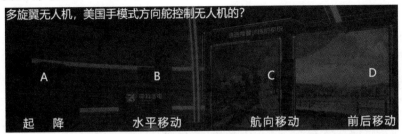

图4-76 测试6

答案：C。

4.5.2 任务目标

（1）技能目标：掌握【双通道】升降舵+副翼悬停操控

（2）实现方式：完成默认阈值下0～4级风的升降舵+副翼八面悬停练习，如图4-77所示。

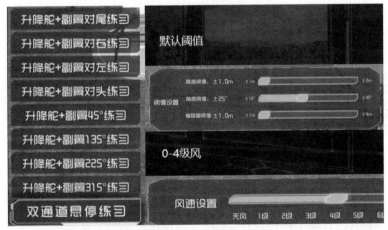

图4-77 练习

4.5.3 任务准备

（1）遥控器USB连接到电脑，打开遥控器开关，红灯闪烁为正常。

（2）选择仿真考培系统。

（3）选择绿茵草地。

（4）选择视距内驾驶员。

（5）选择对应手型，推荐使用美国手。

（6）遥控器校准。

a.点击右上角设置——重新校准；

b.点击重新开始；

c. 遥控器各个摇杆拨到最大值进行校准；

d. 校准完成后的界面如图4-40，各个摇杆均已居中；

e. 点击设置中心点；

f. 完成保存。

4.5.4 进入练习模式

1. 进入自旋练习模式

（1）难度设置：关卡1～8：标准阈值，0级风。

a. 点击阈值调节；

b. 还原默认值，保存并退出；

c. 点击风速调节；

d. 选择无风，保存并退出。

（2）规则说明。

a. 用遥控器控制无人机的升降舵，如图4-78所示。

图4-78　遥控器控制

b. 3分钟倒计时让无人机偏移量保持在1 m以内，如图4-79所示。

图4-79　规则

2. **关卡1：[0级风]完成仅升降舵+副翼对尾练习**

（1）选择仅升降舵+副翼对尾练习；

（2）控制无人机的副翼和升降舵，完成3分钟对尾悬停练习。

3. **关卡2：[0级风]完成仅升降舵+副翼对右练习**

（1）选择仅升降舵+副翼对右练习；

（2）控制无人机的副翼和升降舵，完成3分钟对右悬停练习。

4. **关卡3：[0级风]完成仅升降舵+副翼对左练习**

（1）选择仅升降舵+副翼对左练习；

（2）控制无人机的副翼和升降舵，完成3分钟对左悬停练习。

5. **关卡4：[0级风]完成仅升降舵+副翼对头练习**

（1）选择仅升降舵+副翼对头练习；

（2）控制无人机的副翼和升降舵，完成3分钟对头悬停练习。

6. **关卡5：[0级风]完成仅升降舵+副翼45°练习**

（1）选择仅升降舵+副翼45°练习；

（2）控制无人机的副翼和升降舵，完成3分钟45°悬停练习。

7. **关卡6：[0级风]完成仅升降舵+副翼135°练习**

（1）选择仅升降舵+副翼135°练习；

（2）控制无人机的副翼和升降舵，完成3分钟135°悬停练习。

8. **关卡7：[0级风]完成仅升降舵+副翼225°练习**

（1）选择仅升降舵+副翼225°练习；

（2）控制无人机的副翼和升降舵，完成3分钟225°悬停练习。

9. **关卡8：[0级风]完成仅升降舵+副翼315°练习**

（1）选择仅升降舵+副翼315°练习；

（2）控制无人机的副翼和升降舵，完成3分钟315°悬停练习。

10. **【难度设置】关卡9～16：标准阈值，1级风**

（1）点击风速调节；

（2）选择1级风，保存并退出。

11. **关卡9：[1级风]完成仅升降舵+副翼对尾练习**

（1）选择仅升降舵+副翼对尾练习；

（2）控制无人机的副翼和升降舵，完成3分钟对尾悬停练习。

12. **关卡10：[1级风]完成仅升降舵+副翼对右练习**

（1）选择仅升降舵+副翼对右练习；

（2）控制无人机的副翼和升降舵，完成3分钟对右悬停练习。

13. **关卡11：[1级风]完成仅升降舵+副翼对左练习**

（1）选择仅升降舵+副翼对左练习；

（2）控制无人机的副翼和升降舵，完成3分钟对左悬停练习。

14. **关卡12：[1级风]完成仅升降舵+副翼对头练习**

（1）选择仅升降舵+副翼对头练习；

（2）控制无人机的副翼和升降舵，完成3分钟对头悬停练习。

15. **关卡13：[1级风]完成仅升降舵+副翼45°练习**

（1）选择仅升降舵+副翼45°练习；

（2）控制无人机的副翼和升降舵，完成3分钟45°悬停练习。

16. **关卡14：[1级风]完成仅升降舵+副翼135°练习**

（1）选择仅升降舵+副翼135°练习；

（2）控制无人机的副翼和升降舵，完成3分钟135°悬停练习。

17. **关卡15：[1级风]完成仅升降舵+副翼225°练习**

（1）选择仅升降舵+副翼225°练习；

（2）控制无人机的副翼和升降舵，完成3分钟225°悬停练习。

18. **关卡16：[1级风]完成仅升降舵+副翼315°练习**

（1）选择仅升降舵+副翼315°练习；

（2）控制无人机的副翼和升降舵，完成3分钟315°悬停练习。

19. **【难度设置】关卡17-24：标准阈值，2级风**

（1）点击风速调节；

（2）选择2级风，保存并退出。

20. **关卡17：[2级风]完成仅升降舵+副翼对尾练习**

（1）选择仅升降舵+副翼对尾练习；

（2）控制无人机的副翼和升降舵，完成3分钟对尾悬停练习。

21. **关卡18：[2级风]完成仅升降舵+副翼对右练习**

（1）选择仅升降舵+副翼对右练习；

（2）控制无人机的副翼和升降舵，完成3分钟对右悬停练习。

22. **关卡19：[2级风]完成仅升降舵+副翼对左练习**

（1）选择仅升降舵+副翼对左练习；

（2）控制无人机的副翼和升降舵，完成3分钟对左悬停练习。

23. **关卡20：[2级风]完成仅升降舵+副翼对头练习**

（1）选择仅升降舵+副翼对头练习；

（2）控制无人机的副翼和升降舵，完成3分钟对头悬停练习。

24. **关卡21：[2级风]完成仅升降舵+副翼45°练习**

（1）选择仅升降舵+副翼45°练习；

（2）控制无人机的副翼和升降舵，完成3分钟45°悬停练习。

25. **关卡22：[2级风]完成仅升降舵+副翼135°练习**

（1）选择仅升降舵+副翼135°练习；

（2）控制无人机的副翼和升降舵，完成3分钟135°悬停练习。

26. 关卡23：[2级风]完成仅升降舵+副翼225°练习

（1）选择仅升降舵+副翼225°练习；

（2）控制无人机的副翼和升降舵，完成3分钟225°悬停练习。

27. 关卡24：[2级风]完成仅升降舵+副翼315°练习

（1）选择仅升降舵+副翼315°练习；

（2）控制无人机的副翼和升降舵，完成3分钟315°悬停练习。

28. 【难度设置】关卡25-32：标准阈值，3级风

（1）点击风速调节；

（2）选泽3级风，保存并退出。

29. 关卡25：[3级风]完成仅升降舵+副翼对尾练习

（1）选择仅升降舵+副翼对尾练习；

（2）控制无人机的副翼和升降舵，完成3分钟对尾悬停练习。

30. 关卡26：[3级风]完成仅升降舵+副翼对右练习

（1）选择仅升降舵+副翼对右练习；

（2）控制无人机的副翼和升降舵，完成3分钟对右悬停练习。

31. 关卡27：[3级风]完成仅升降舵+副翼对左练习

（1）选择仅升降舵+副翼对左练习；

（2）控制无人机的副翼和升降舵，完成3分钟对左悬停练习。

32. 关卡28：[3级风]完成仅升降舵+副翼对头练习

（1）选择仅升降舵+副翼对头练习；

（2）控制无人机的副翼和升降舵，完成3分钟对头悬停练习。

33. 关卡29：[3级风]完成仅升降舵+副翼45°练习

（1）选择仅升降舵+副翼45°练习；

（2）控制无人机的副翼和升降舵，完成3分钟45°悬停练习。

34. 关卡30：[3级风]完成仅升降舵+副翼135°练习

（1）选择仅升降舵+副翼135°练习；

（2）控制无人机的副翼和升降舵，完成3分钟135°悬停练习。

35. 关卡31：[3级风]完成仅升降舵+副翼225°练习

（1）选择仅升降舵+副翼225°练习；

（2）控制无人机的副翼和升降舵，完成3分钟225°悬停练习。

36. 关卡32：[3级风]完成仅升降舵+副翼315°练习

（1）选择仅升降舵+副翼315°练习；

（2）控制无人机的副翼和升降舵，完成3分钟315°悬停练习。

37. 【难度设置】关卡33-40：标准阈值，4级风

（1）点击风速调节；

（2）选泽4级风，保存并退出。

38. **关卡33：[4级风]完成仅升降舵+副翼对尾练习**

（1）选择仅升降舵+副翼对尾练习；

（2）控制无人机的副翼和升降舵，完成3分钟对尾悬停练习。

39. **关卡34：[4级风]完成仅升降舵+副翼对右练习**

（1）选择仅升降舵+副翼对右练习；

（2）控制无人机的副翼和升降舵，完成3分钟对右悬停练习。

40. **关卡35：[4级风]完成仅升降舵+副翼对左练习**

（1）选择仅升降舵+副翼对左练习；

（2）控制无人机的副翼和升降舵，完成3分钟对左悬停练习。

41. **关卡36：[4级风]完成仅升降舵+副翼对头练习**

（1）选择仅升降舵+副翼对头练习；

（2）控制无人机的副翼和升降舵，完成3分钟对头悬停练习。

42. **关卡37：[4级风]完成仅升降舵+副翼45° 练习**

（1）选择仅升降舵+副翼45°练习；

（2）控制无人机的副翼和升降舵，完成3分钟45°悬停练习。

43. **关卡38：[4级风]完成仅升降舵+副翼135° 练习**

（1）选择仅升降舵+副翼135°练习；

（2）控制无人机的副翼和升降舵，完成3分钟135°悬停练习。

44. **关卡39：[4级风]完成仅升降舵+副翼225° 练习**

（1）选择仅升降舵+副翼225°练习；

（2）控制无人机的副翼和升降舵，完成3分钟225°悬停练习。

45. **关卡40：[4级风]完成仅升降舵+副翼315° 练习**

（1）选择仅升降舵+副翼315°练习；

（2）控制无人机的副翼和升降舵，完成3分钟315°悬停练习。

46. **测试**

（1）测试1，如图4-80所示。

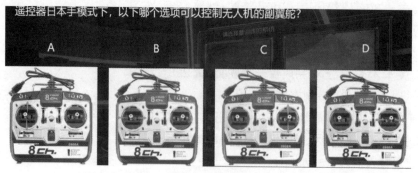

图4-80　测试1

答案：D。

（2）测试2，如图4-81所示。

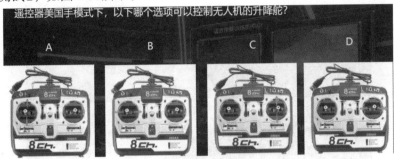

图4-81　测试2

答案：C。

（3）测试3，如图4-82所示。

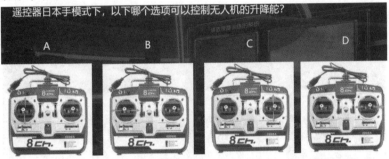

图4-82　测试3

答案：A。

4.6　掌握【全通道】八面悬停操控

4.6.1　测试

（1）测试1，如图4-83所示。

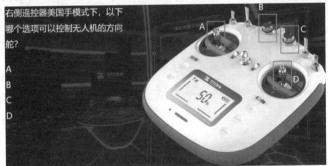

图4-83　测试1

答案：A。

（2）测试2，如图4-84所示。

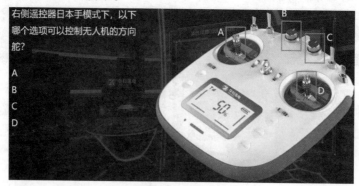

图4-84　测试2

答案：A。

（3）测试3，如图4-85所示。

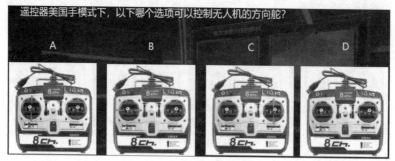

图4-85　测试3

答案：B。

（4）测试4，如图4-86所示。

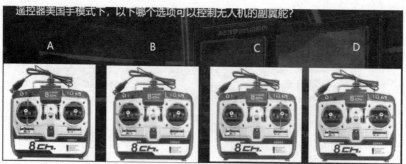

图4-86　测试4

答案：D。

（5）测试 5，如图 4-87 所示。

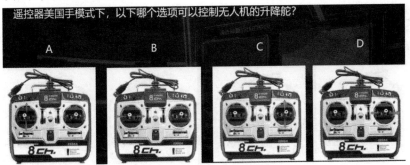

图 4-87　测试 5

答案：C。

（6）测试 6，如图 4-88 所示。

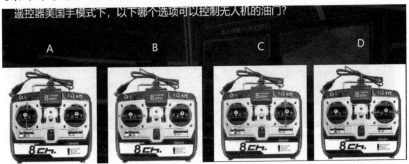

图 4-88　测试 6

答案：A。

（7）测试 7，如图 4-89 所示。

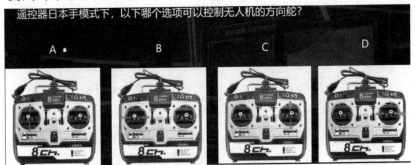

图 4-89　测试 7

答案：B。

（8）测试8，如图4-90所示。

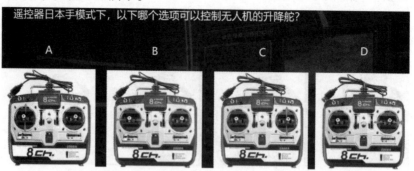

图4-90 测试8

答案：A。

（9）测试9，如图4-91所示。

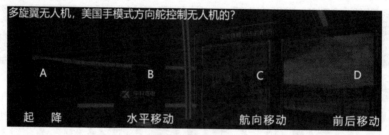

图4-91 测试9

答案：C。

4.6.2 任务目标

（1）技能目标：掌握【全通道】悬停操控。

（2）实现方式：完成默认阈值下0～4级风的全通道八面悬停练习，如图4-92所示。

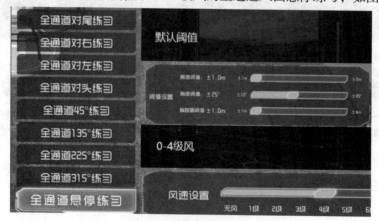

图4-92 练习

4.6.3 任务准备

（1）遥控器USB连接到电脑，打开遥控器开关，红灯闪烁为正常。

（2）选择仿真考培系统。

（3）选择绿茵草地。

（4）选择视距内驾驶员。

（5）选择对应手型，推荐使用美国手。

（6）遥控器校准。

a. 点击右上角设置——重新校准；

b. 点击重新开始；

c. 遥控器各个摇杆拨到最大值进行校准；

d. 校准完成后的界面如图4-40，各个摇杆均已居中；

e. 点击设置中心点；

f. 完成保存。

4.6.4 进入练习模式

1. 进入自旋练习模式

（1）难度设置：关卡1～8：标准阈值，0级风。

a. 点击阈值调节；

b. 还原默认值，保存并退出；

c. 点击风速调节；

d. 选择无风，保存并退出。

（2）规则说明。

a. 用遥控器控制无人机，如图4-93所示。

图4-93　遥控器控制

b. 3分钟倒计时让无人机水平偏移保持在1 m以内，角度偏移保持在25°以内，高度偏移保持在1 m以内，如图4-94所示。

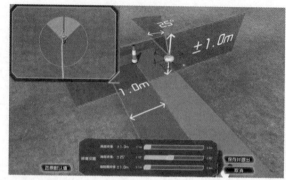

图 4-94　规则

2. 关卡 1：[0 级风] 完成全通道对尾练习

（1）选择全通道对尾练习；

（2）50 秒内控制无人机解锁起飞至 3 m 高；

图 4-95　起飞

（3）控制升降舵将无人机飞至中心桶上方；

（4）控制方向舵对准航向角度，如图 4-96 所示；

图 4-96　飞至中心桶上方并对准航向角度

（5）完成 3 分钟对尾悬停练习。

3. 关卡 2：[0 级风]完成全通道对右练习

（1）选择全通道对右练习；

（2）50 秒内控制无人机解锁起飞至 3 m 高；

（3）控制升降舵将无人机飞至中心桶上方；

（4）控制方向舵对准航向角度；

（5）完成 3 分钟对右悬停练习。

4. 关卡 3：[0 级风]完成全通道对左练习

（1）选择全通道对左练习；

（2）50 秒内控制无人机解锁起飞至 3 m 高；

（3）控制升降舵将无人机飞至中心桶上方；

（4）控制方向舵对准航向角度；

（5）完成 3 分钟对左悬停练习。

5. 关卡 4：[0 级风]完成全通道对头练习

（1）选择全通道对头练习；

（2）50 秒内控制无人机解锁起飞至 3 m 高；

（3）控制升降舵将无人机飞至中心桶上方；

（4）控制方向舵对准航向角度；

（5）完成 3 分钟对头悬停练习。

6. 关卡 5：[0 级风]完成全通道 45° 练习

（1）选择全通道 45° 练习；

（2）50 秒内控制无人机解锁起飞至 3 m 高；

（3）控制升降舵将无人机飞至中心桶上方；

（4）控制方向舵对准航向角度；

（5）完成 3 分钟 45° 悬停练习。

7. 关卡 6：[0 级风]完成全通道 135° 练习

（1）选择全通道 135° 练习；

（2）50 秒内控制无人机解锁起飞至 3 m 高；

（3）控制升降舵将无人机飞至中心桶上方；

（4）控制方向舵对准航向角度；

（5）完成 3 分钟 135° 悬停练习。

8. 关卡 7：[0 级风]完成全通道 225° 练习

（1）选择全通道 225° 练习；

（2）50 秒内控制无人机解锁起飞至 3 m 高；

（3）控制升降舵将无人机飞至中心桶上方；

（4）控制方向舵对准航向角度；

（5）完成 3 分钟 225° 悬停练习。

9. 关卡8：[0级风]完成全通道315° 练习

（1）选择全通道315°练习；

（2）50秒内控制无人机解锁起飞至3 m高；

（3）控制升降舵将无人机飞至中心桶上方；

（4）控制方向舵对准航向角度；

（5）完成3分钟315°悬停练习。

10.【难度设置】关卡9～16：标准阈值，1级风

（1）点击风速调节；

（2）选择1级风，保存并退出；

（3）完成关卡9～16：1级风下全通道对尾、对右、对左、对头、45°、135°、225°、315°练习。

11.【难度设置】关卡17～24：标准阈值，2级风

（1）点击风速调节；

（2）选择2级风，保存并退出；

（3）完成关卡17～24：2级风下全通道对尾、对右、对左、对头、45°、135°、225°、315°练习。

12.【难度设置】关卡25～32：标准阈值，3级风

（1）点击风速调节；

（2）选择3级风，保存并退出；

（3）完成关卡25～32：3级风下全通道对尾、对右、对左、对头、45°、135°、225°、315°练习。

13.【难度设置】关卡33～40：标准阈值，4级风

（1）点击风速调节；

（2）选择4级风，保存并退出；

（3）完成关卡33～40：4级风下全通道对尾、对右、对左、对头、45°、135°、225°、315°练习。

14. 测试

（1）测试1，如图4-97所示。

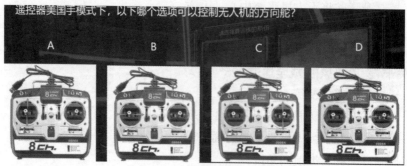

图4-97 测试1

答案：B。

（2）测试2，如图4-98所示。

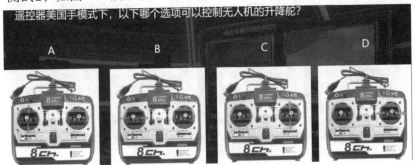

图4-98　测试2

答案：C。

（3）测试3，如图4-99所示。

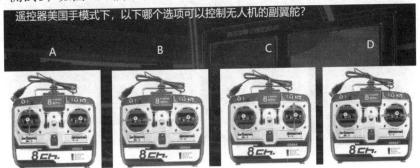

图4-99　测试3

答案：D。

（4）测试4，如图4-99所示。

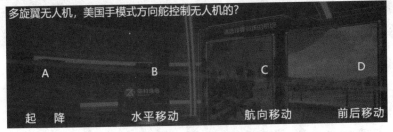

图4-100　测试4

答案：C。

（5）测试5，如图4-101所示。

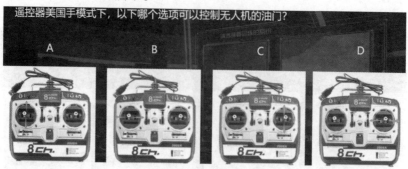

图4-101　测试5

答案：A。

（6）测试6，如图4-102所示。

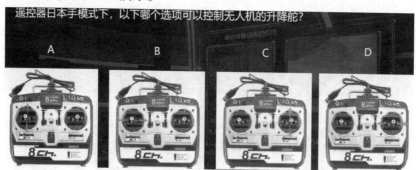

图4-102　测试6

答案：A。

（7）测试7，如图4-103所示。

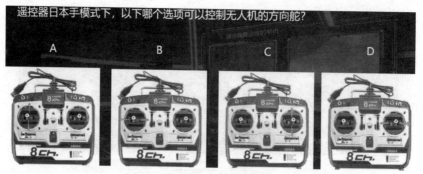

图4-103　测试7

答案：B。

4.7 掌握【考试科目】360°自旋操控

4.7.1 测试

（1）测试1，如图4-104所示。

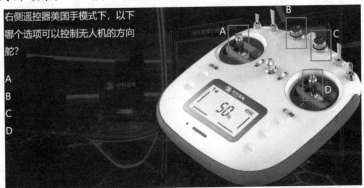

图4-104 测试1

答案：A。

（2）测试2，如图4-105所示。

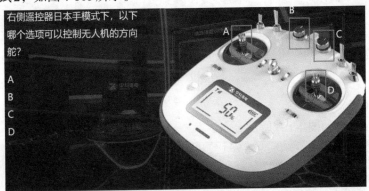

图4-105 测试2

答案：A。

（3）测试3，如图4-106所示。

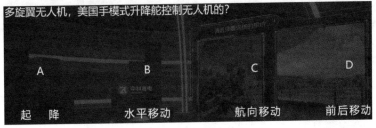

图4-106 测试3

答案：D。

（4）测试4，如图4-107所示。

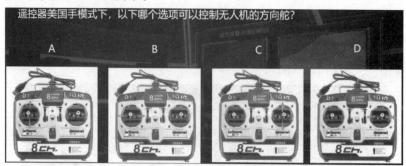

图4-107　测试4

答案：B。

（5）测试5，如图4-108所示。

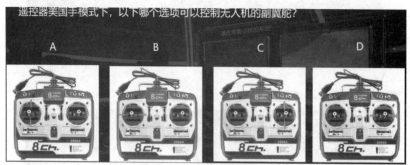

图4-108　测试5

答案：D。

（6）测试6，如图4-109所示。

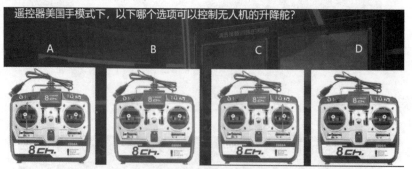

图4-109　测试6

答案：C。

（7）测试7，如图4-110所示。

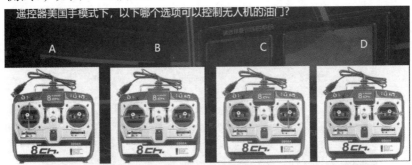

图4-110　测试7

答案：A。

（8）测试8，如图4-111所示。

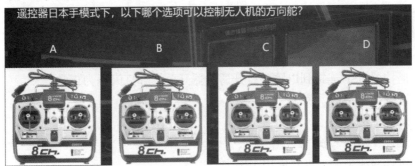

图4-111　测试8

答案：B。

（9）测试9，如图4-112所示。

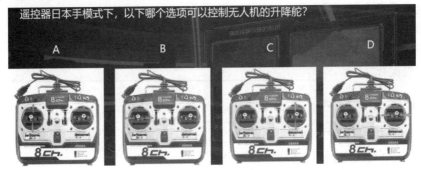

图4-112　测试9

答案：A。

4.7.2　任务目标

（1）技能目标：掌握【全通道】360°自旋操控。

（2）实现方式：完成默认阈值下0～5级风的全通道360°自旋练习，如图4-113所示。

图4-113　练习

4.7.3　任务准备

（1）遥控器USB连接到电脑，打开遥控器开关，红灯闪烁为正常。

（2）选择仿真考培系统。

（3）选择绿茵草地。

（4）选择视距内驾驶员。

（5）选择对应手型，推荐使用美国手。

（6）遥控器校准。

a.点击右上角设置——重新校准；

b.点击重新开始；

c.遥控器各个摇杆拨到最大值进行校准；

d.校准完成后的界面如图4-40，各个摇杆均已居中；

e.点击设置中心点；

f.完成保存。

4.7.4　进入练习模式

1.进入自旋练习模式

（1）难度设置：关卡1：标准阈值，0级风。

a.点击阈值调节；

b.还原默认值，保存并退出；

c.点击风速调节；

d.选择无风，保存并退出。

（2）规则说明。

a.用遥控器控制无人机完成360°自旋，如图4-114所示。

图4-114　遥控器控制

b. 3分钟内控制无人机完成360°自旋，如图4-115所示。

图4-115　规则

2. 关卡1：[0级风]完成全通道360°自旋练习

（1）选择360°自旋练习；

（2）50秒内控制无人机解锁起飞至3 m高；

（3）控制升降舵将无人机飞至中心桶上方；

（4）控制方向舵3分钟内完成360°自旋。

3. 【难度设置】关卡2：标准阈值，1级风

（1）点击风速调节；

（2）选择1级风，保存并退出；

（3）完成关卡2：1级风下完成全通道360°自旋练习。

4. 【难度设置】关卡3：标准阈值，2级风

（1）点击风速调节；

（2）选择2级风，保存并退出；

（3）完成关卡3：2级风下完成全通道360°自旋练习。

5. 【难度设置】关卡4：标准阈值，3级风

（1）点击风速调节；

（2）选择3级风，保存并退出；

（3）完成关卡4：3级风下完成全通道360°自旋练习。

6. 【难度设置】关卡5：标准阈值，4级风

（1）点击风速调节；

（2）选择4级风，保存并退出；

（3）完成关卡5：4级风下完成全通道360°自旋练习。

7. 【难度设置】关卡6：标准阈值，5级风

（1）点击风速调节；

（2）选择5级风，保存并退出；

（3）完成关卡6：5级风下完成全通道360°自旋练习。

8. 测试

（1）测试1，如图4-116所示。

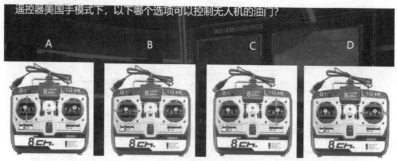

图4-116　测试1

答案：A。

（2）测试2，如图4-117所示。

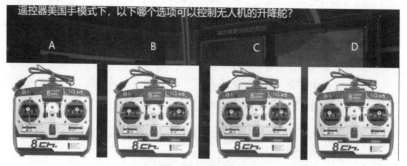

图4-117　测试2

答案：C。

（3）测试3，如图4-118所示。

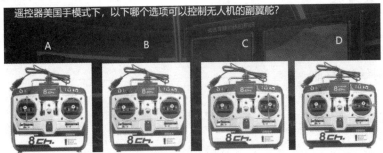

图4-118　测试3

答案：D。

（4）测试4，如图4-119所示。

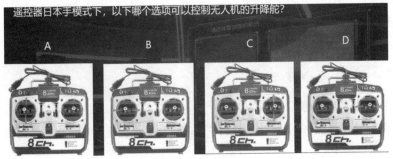

图4-119　测试4

答案：A。

4.8　掌握【考试科目】水平八字操控

4.8.1　任务目标

（1）技能目标：掌握【全通道】水平八字操控。

（2）实现方式：完成规定阈值下0~2级风的全通道水平八字练习，如图4-120所示。

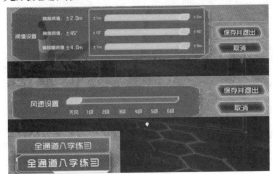

图4-120　练习

4.8.2　任务准备

（1）遥控器USB连接到电脑，打开遥控器开关，红灯闪烁为正常。

（2）选择仿真考培系统。

（3）选择绿茵草地。

（4）选择视距内驾驶员。

（5）选择对应手型，推荐使用美国手。

（6）遥控器校准。

a. 点击右上角设置——重新校准；

b. 点击重新开始；

c. 遥控器各个摇杆拨到最大值进行校准；

d. 校准完成后的界面如图4-40，各个摇杆均已居中；

e. 点击设置中心点；

f. 完成保存。

4.8.3　进入全通道八字练习

1. 进入全通道八字练习

（1）难度设置：关卡1：最高阈值，0级风。

a. 点击阈值调节；

b. 把阈值调整到最大，保存并退出；

c. 点击风速调节；

d. 选择无风，保存并退出；

（2）规则说明。

控制无人机50秒内解锁起飞至中心锥桶上方，并在3分钟内从左圈开始完成8字飞行，如图4-121所示。

图4-121　规则

2. 关卡1：【0级风】【阈值高度±2m，角度±45°，偏移量±4m】完成全通道八字练习

（1）选择全通道八字练习；

（2）50秒内控制无人机解锁起飞至3 m高；

（3）控制升降舵将无人机飞至中心桶上方，如图4-122所示；

图4-122　飞至中心桶上方

（4）控制方向舵3分钟内完成八字飞行，如图4-123所示。

图4-123　完成八字飞行

3.【难度设置】关卡2~15

（1）点击阈值调节，分别调整高度阈值、角度阈值、偏移量阈值，保存并退出；

（2）点击风速调节，调整风速；

（3）完成关卡2-15，分别为【0级风】下：【阈值高度±1.5m，角度±45°，偏移量±4m】、【阈值高度±1m，角度±45°，偏移量±4m】、【阈值高度±1m，角度±45°，偏移量±4.4m】、【阈值高度±1m，角度±45°，偏移量±3 m】、【阈值高度±1m，角度±45°，偏移量±2.5m】、【阈值高度±1m，角度±45°，偏移量±2m】、【阈值高度±1m，角度±45°，偏移量±1.5m】、【阈值高度±1m，角度±45°，偏移量±1m】、【阈值高度±1m，角度±40°，偏移量±1m】、【阈值高度±1m，角度±35°，偏移量±1m】、【阈值高度±1m，角度±30°，偏移量±1m】、【阈值高度±1m，角度±25°，偏移量±1m】全通道八字练习，以及【1级风】下【阈值高度±1m，角度±25°，偏移量±1m】全通道八字练习，【2级风】下【阈值高度±1m，角度±25°，偏移量±1m】全通道八字练习。

4. 测试

（1）测试1，如图4-124所示。

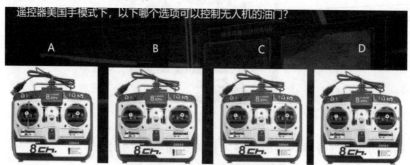

图4-124　测试1

答案：A。

（2）测试2，如图4-125所示。

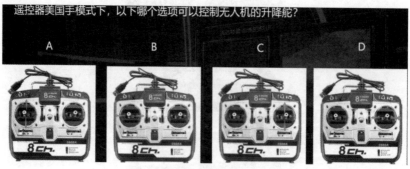

图4-125　测试2

答案：C。

（3）测试3，如图4-126所示。

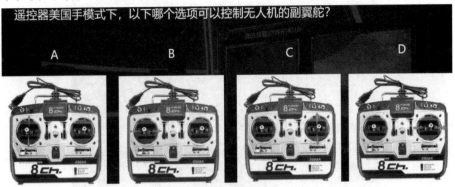

图4-126　测试3

答案：D。

（4）测试4，如图4-127所示。

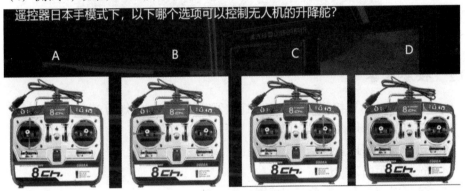

图4-127　测试4

答案：A。

4.9　掌握【进阶拓展】米字线操控

4.9.1　任务目标

（1）技能目标：掌握【全通道】米字线操控。

（2）实现方式：完成规定阈值下0～1级风模式的全通道米字线操控练习，如图4-128所示。

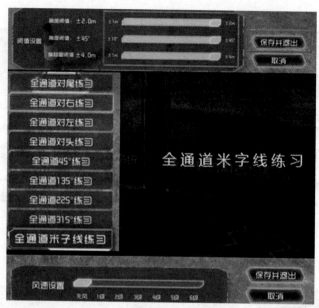

图4-128　练习

4.9.2　任务准备

（1）遥控器USB连接到电脑，打开遥控器开关，红灯闪烁为正常。

（2）选择仿真考培系统。

（3）选择绿茵草地。

（4）选择视距内驾驶员。

（5）选择对应手型，推荐使用美国手。

（6）遥控器校准。

a. 点击右上角设置——重新校准；

b. 点击重新开始；

c. 遥控器各个摇杆拨到最大值进行校准；

d. 校准完成后的界面如图4-40，各个摇杆均已居中；

e. 点击设置中心点；

f. 完成保存。

4.9.3　进入练习模式

进入全通道米字线练习，如图4-129所示。

图4-129　进入全通道米字线练习

（1）难度设置：关卡1～8：最高阈值，0级风。

a. 点击阈值调节；

b. 把阈值调整到最大，保存并退出；

c. 点击风速调节；

d. 选择无风，保存并退出。

（2）规则说明

控制无人机50秒内解锁起飞至中心锥桶上方，并在3分钟内从左到右依次完成米字飞行，如图4-130所示。

图4-130　规则

1. 关卡1～8：【0级风】【阈值高度±2m，角度±45°，偏移量±4m】完成全通道米字练习

（1）全通道对尾、对右、对左、对头、45°、135°、225°、315°练习。

（2）50秒内控制无人机解锁起飞至3m高。

（3）控制升降舵将无人机飞至中心桶上方，如图4-131所示。

图4-131　飞至中心桶上方

（4）控制方向舵3分钟内完成米字飞行，如图4-132所示。

图4-132　完成米字飞行

2.【难度设置】关卡9～122

（1）点击阈值调节，分别调整高度阈值、角度阈值、偏移量阈值，保存并退出。

（2）点击风速调节，调整风速。

（3）完成关卡9～122，分别为【0级风】下：【阈值高度±1.5m，角度±45°，偏移量±4m】、【阈值高度±1m，角度±45°，偏移量±4m】、【阈值高度±1m，角度±45°，偏移量±4.4m】、【阈值高度±1m，角度±45°，偏移量±3 m】、【阈值高度±1m，角度±45°，偏移量±2.5m】、【阈值高度±1m，角度±45°，偏移量±2m】、【阈值高度±1m，角度±45°，偏移量±1.5m】、【阈值高度±1m，角度±45°，偏移量±1m】、【阈值高度±1m，角度±40°，偏移量±1m】、【阈值高度±1m，角度±35°，偏移量±1m】、【阈值高度±1m，角度±30°，偏移量±1m】、【阈值高度±1m，角度±25°，偏移量±1m】全通道对尾、对右、对左、对头、45°、135°、225°、315°米字练习，以及【1级风】下【阈值高度±1m，角度±25°，偏移量±1m】全通道对尾、对右、对左、对头、45°、135°、225°、315°米字练习。

3. 测试

（1）测试1，如图4-133所示。

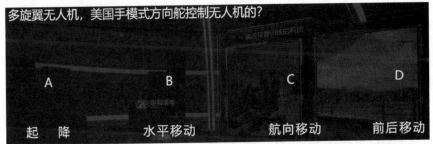

图4-133　测试1

答案：C。

（2）测试2，如图4-134所示。

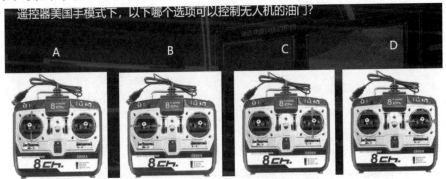

图4-134　测试2

答案：A。

（3）测试3，如图4-135所示。

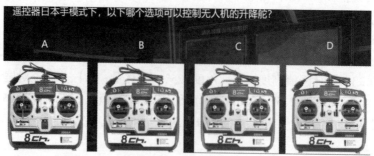

遥控器日本手模式下，以下哪个选项可以控制无人机的升降舵？

图4-135　测试3

答案：A。

（4）测试4，如图4-136所示。

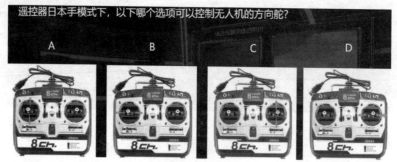

遥控器日本手模式下，以下哪个选项可以控制无人机的方向舵？

图4-136　测试4

答案：B。

4.10　【考试模式】熟练执照考试流程

4.10.1　任务目标

（1）技能目标：熟练执照考试流程。

（2）实现方式：完成初中高级考试，如图4-137所示。

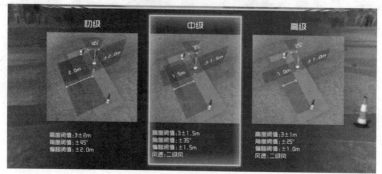

图4-137　考试

4.10.2　任务准备

（1）遥控器USB连接到电脑，打开遥控器开关，红灯闪烁为正常。

（2）选择仿真考培系统。

（3）选择绿茵草地。

（4）选择视距内驾驶员。

（5）选择对应手型，推荐使用美国手。

（6）遥控器校准。

a. 点击右上角设置——重新校准；

b. 点击重新开始；

c. 遥控器各个摇杆拨到最大值进行校准；

d. 校准完成后的界面如图4-40，各个摇杆均已居中；

e. 点击设置中心点；

f. 完成保存。

4.10.3　进入考试模式

进入考试模式，如图4-138所示。

图4-138　进入考试模式

规则说明：总计3次机会，先控制无人机50秒内解锁起飞至中心锥桶上方，50秒内完成360°自旋；完成自旋后，在3分钟内从左圈开始完成8字飞行。中途失败重新回到中心锥桶完成考试。

1. 关卡1：考试初级

（1）选择考试等级，如图4-139所示。

图4-139　选择考试等级

（2）50秒内控制无人机解锁起飞至3 m高，控制升降舵将无人机飞至中心桶上方。

（3）控制无人机50秒内完成360°自旋。

（4）控制无人机3分钟内完成八字飞行。

2. 关卡2：考试中级

（1）选择考试等级，如图4-140所示。

图4-140　选择考试等级

（2）50秒内控制无人机解锁起飞至3m高，控制升降舵将无人机飞至中心桶上方。

（3）控制无人机50秒内完成360°自旋。

（4）控制无人机3分钟内完成八字飞行。

3. 关卡3：考试高级

（1）选择考试等级，如图4-141所示。

图4-141　选择考试等级

（2）50秒内控制无人机解锁起飞至3m高，控制升降舵将无人机飞至中心桶上方。

（3）控制无人机50秒内完成360°自旋。

（4）控制无人机3分钟内完成八字飞行。

参 考 文 献

[1] 贾恒旦，杨升平. 无人机技术概论[M]. 2版. 北京：机械工业出版社，2024.

[2]《架空输电线路无人机巡检应用技术》编委会. 架空输电线路无人机巡检应用技术
    [M]. 北京：中国电力出版社，2020.

[3] 王世法，陆德旭. 无人机应用[M]. 青岛：青岛出版社，2024.

[4] 谢辉. 无人机应用基础[M]. 西安：西北工业大学出版社，2018.

[5] 陈金良. 无人机飞行管理及应用[M]. 西安：西北工业大学出版社，2023.

[6] 马静囡. 无人机系统导论[M]. 西安：西安电子科技大学出版社，2018.

[7] 何景武，谢长川. 无人机结构设计[M]. 北京：北京航空航天大学出版社，2021.

[8] 孙力帆. 无人机原理及其综合应用[M]. 北京：中国原子能出版社，2022.